JCA 研究ブックレット No.25

ブレクジットと英国農政

農業の多面的機能への支援

和泉 真理◇著

はじめに　ＥＵ離脱後の英国の農政の行方

英国は、２０１６年6月23日に実施された国民投票の結果を踏まえて、２０１９年3月29日までにＥＵ（欧州連合）を離脱することが決まっています。英国のＥＵ離脱は、英国を示すブリテン（Britain）と離脱を示すエクジット（Exit）という単語を組み合わせたブレクジット（Brexit）という造語で呼ばれることが一般的です。間近に迫ったブレクジット後に英国の農業政策がどのようになっていくのか、が本書のテーマです。

英国がＥＵ（当時のＥＥＣ（欧州経済共同体））に加盟したのが１９７３年、以後45年の間、英国はＥＵの加盟国として、ＥＵ全体としての貿易制度、ＥＵ域内でのヒト・カネ・モノ・サービスの自由な移動の中にありました。それを可能にするべくＥＵで統一された品質基準などの制度が、英国も含めてＥＵ全域をカバーしてきました。ですから、英国の農業においても、ＥＵからの離脱が及ぼす影響は極めて広範になるということは容易に予想されます。中でも農業はＥＵの共通農業政策のもとで様々な助成事業が行われてきました。ＥＵ予算に占める共通農業政策向け予算の比率の大きさ、英国農業者にとっての農業所得に占める共通農業政策からの助成金の比率の大きさを見れば、英国がブレクジット後にどのような農業政策を導入するかは、英国農業の将来に大きな影響を及ぼすでしょう。

この、ＥＵ離脱後の英国農政のあり方について、英国政府は「公的資金は公共財へ」という方針を打ち出しました。これは、ＥＵの共通農業政策下での主要な助成制度である農地面積当たり支払いをやめ、農場が環境保全への取組などの「公共財」を提供することに対して財政支援を行うというものです。２０１８年9月には、この考え方に基づく新しい農業法案が英国政府から議会に提出されたところです。

この法案の第1条には財政支援の対象となる政策目的が列挙されていますが、そこに挙げられているのは、「環境の保全」「農村や農地・林地への人々のアクセス」「文化・自然的資産を将来に残すような土地や水の管理」「気象変動への対応」「環境のもたらす災害への対応」「動物の健康と福祉の確保」「植物の保全」であり、農業法というタイトルであっても「農林業の開始や生産性向上」は二義的な政策目的となっています。前者の一連の項目は、いわゆる「農業の多面的機能」と言われるものです。要は、今後は農業への財政支援の対象を「農業の多面的機能の発揮」に絞っていこうとしているのです。英国の場合は、様々な多面的機能の中でも、特に環境保全に主軸を置こうとしています。

農業政策の対象を多面的機能に絞ろうとする背景には、農地面積当たりの支払いは大規模経営や地主に助成が傾斜し納税者の理解が得られないことがあります。他方、農業者は何らかの財政支援が無ければ経営が困難になり、彼らが提供してきた生物多様性や景観、レクリエーション機能の保全、高い動物福祉水準の維持などが難しくなるだろうということも認識されています。それならば、農業者の「多面的機能の発揮」に対して支援しよう、というのが「公的資金は公共財へ」という考え方です。それを培ってきたのは、英国で過去30年にわたり展開されてきた農業と環境保全との両立を目指す一連の農業環境政策であり、また、農業と環境保全の両立のための政策を促進し、あるいは先取りし、あるいは修正してきた環境保全団体など多数の民間団体の取組の成果です。

日本でも、農業関係者の中では農業の多面的機能という考え方はかなり定着してきています。農業が洪水を防止するなど国土を保全し、豊かな自然や景観を提供し、伝統的な行事や食文化を守るなどの役割を果たしてきたことに、多くの農業者は誇りを感じているのではないでしょうか。しかし、これらの多面的機能を誰もが利用できる公共財であると意識し、実際に多面的機能の維持のために取り組んでいるのか、さらにはそれを農業者以外も意識しているかとなると、英国に比べればまだまだの段階だと思います。また、英国で農業環境政策の一環として行われている農地の適切な保全管理、条件不利地域の農業の維持への支援を通じた農地や農業の維持は、農地面積は減少し、農業生産力そのものが減退している日本の農業や農業政策を考える上で参考になるのではないでしょうか。そのような視点から、本書では、英国の農業環境政策の展開からブレクジット後の農業政策案に至る政策の展開や関連する民間団体の取組を紹介していこうと思います。

英国とEUとの離脱交渉については、2019年2月20日現在、最大の課題であるアイルランドと北アイルランド間の国境問題の扱いなどが解決しておらず、2019年1月15日には英国議会下院が英国政府とEUと合意した離脱協定案を大差で否決したところです。3月末までに離脱交渉がまとまるのか、3月末の離脱が延期されるのか、あるいは離脱交渉がまとまらないまま離脱する「ハードブレクジット」になるのか、ブレクジット全体の行方はまだ予断を許さない状況にあります。ただし、農業政策については、英国はいずれにせよ現行のEUの共通農業政策の枠組みの傘下から外れ、新しい農業政策を構築しなくてはならないので、農業法案の議会での検討

表1　英国を構成する4カ国の比較

	英国全体	イングランド	スコットランド	ウェールズ	北アイルランド
国土面積（km²）	242,509	130,279	77,933	20,735	13,562
比率（%）	100	53.7	32.1	8.6	5.6
人口（千人）	66,040	55,619	5,425	3,125	1,871
比率（%）	100	84.2	8.2	4.7	2.8
GVA※（10億ポンド）	1,748	1,498	134	60	37
比率（%）	100	85.7	7.7	3.4	2.1
人口当たりGVA（ポンド）	26,339	27,108	24,800	19,140	19,997
（農業関連指標）					
農地面積（1,000ha）	17,637	9,176	5,754	1,687	1,020
比率（%）	100	52.0	32.6	9.6	5.8
農場数（千農場）	217	106	51	35	25
比率（%）	100	48.8	23.5	16.1	11.5

（注）2016年。農業関連指標は2017年。※GVA：粗付加価値額。
（出所）UK Government: Office for National Statistics

などもも着々と進んでいます。

なお、英国は4つの国（イングランド、スコットランド、ウェールズ、北アイルランド）で構成されています。その中では、イングランドが人口、経済などの面で圧倒的に高い比率を占めています（**表1**）。特に1990年代終盤に労働党政権のもとで各国に議会が設置され権限委譲が行われたため、現在では4カ国それぞれが、特有の農業・自然・社会的な背景に基づく農業環境政策を進めており、ブレクジット後の農政についてもそれぞれが検討を進めています。その中で、本書では主にイングランドでの政策について取り上げます。

＊本書ではユーロ及びポンドの円との換算レートを1ユーロ＝120円、1ポンド＝140円で試算しています。

第1章　英国農業・農政とＥＵ

英国の農村は、生垣に区切られた緑の草地が広がり、丘陵地では氷河に削られた丘の上にヒースの野が広がるなど、自然あふれる美しい景観で知られています。しかし、それを管理しているのは、ＥＵ加盟国の中でも規模の大きく競争力の高い農業部門です。まず、本書の舞台である英国の農業や農政の概要とその変遷について紹介しましょう。

1　農業の概要

英国はヨーロッパの北西にあり、イングランド・スコットランド・ウェールズからなるグレートブリテン島とアイルランド島の北東部を占める北アイルランドの４カ国で構成されています。国土面積は24・４㎢で日本の約3分の2、人口はＥU内でドイツに次ぐ６６００万人で日本の約半分となっています。気候は、暖流の北大西洋海流の影響で、高緯度に位置するわりには温暖で、国土全体が温帯気候に属しています。グレートブリテン島の北部、

（写真）生垣に区切られた美しい英国の農村（イングランド南西部）

中部及び西部には低い山脈がありますが、全体としては高い山もなく（最高峰は１３４５ｍ）、平坦地や丘陵地が広がっています。

英国の農業は欧州諸国の中でも農場当たりの平均経営面積が大きく競争力のある農業が営まれているのですが、英国経済での農業の重要性は高くはありません。英国の農業部門の英国経済に占める割合をＧＤＰ比でみると、２０１７年は０・５％であり、これはＥＵ諸国の中でも最も低い国の１つです。また、全就業者数に占める農業就業者数も比率も１・５％にすぎません。

平坦地・丘陵地が多い地形、温帯気候という条件のもと、英国では農地が国土の72％を占めています。英国の農地面積１７５０万ha（２０１７年）は日本の農地面積（４４７万ha）の３・９倍に相当します。英国人にとって、「国土」「自然」の在りようは「農地」の在りようと重なっているのです。農地の58％を永年草地が占め、短年（５年未満）の草地も７％を占めます。それに対し耕地は35％を占め、そのほとんどは穀類・菜種・芋類などの生産や短期（５年未満）の草地として

図１　英国の農地面積の推移

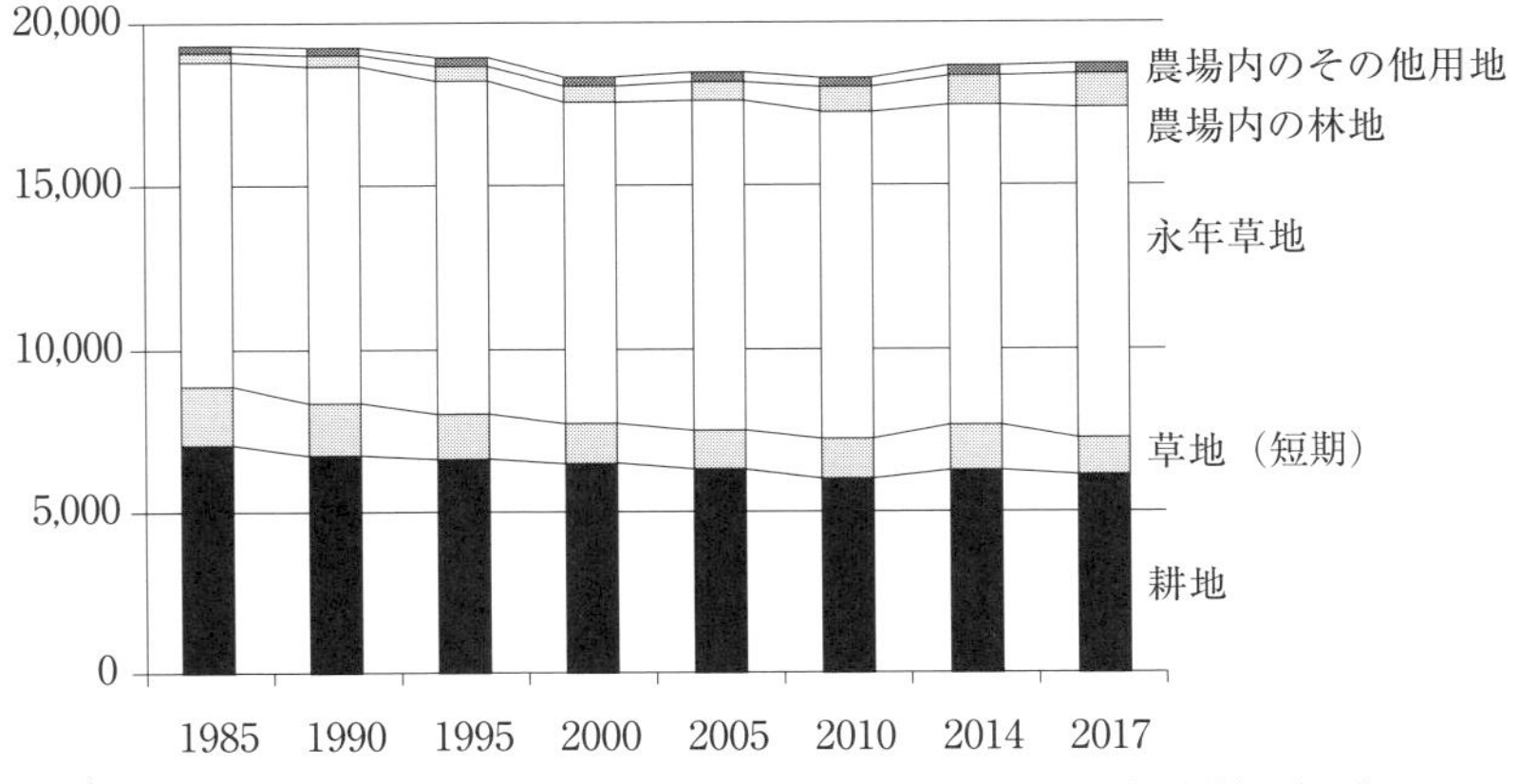

（出所）Defra “Agriculture Data Sets” “Agriculture in the United Kingdom”
（注）英国の中でイングランドの農業に関する統計は2010年以降は「商業的」農場（commercial holdings）のみを対象としており、それ以前の統計とは厳密には比較できない。

使われ、園芸作物の比率がとても低いという特徴があります。全体として、**図1**にあるように、英国の農地面積は過去30年でたった４％しか減っておらず、その構成にもほとんど変化は見られません（**図１**）。

この農地で生産される農産物は多様です（**図２**）。イングランドの南西部は平坦地が多く穀倉地帯となっており、北西に行くにつれて酪農、丘陵地での牛や羊の放牧地帯となっています。また、丘陵地の多いスコットランドやウェールズでは肉牛や羊、北アイルランドでは酪農が主要部門となっています。ＥＵ加盟国の中で生産量を比べると、英国は小麦、生乳、牛肉は３位、鶏肉は2位、羊肉は1位の生産国となっています。

英国の農場数は近年はほぼ横ばいであり、２０１７年には22万農場でした。英国の農業はＥＵ加盟国の中でも規模の大きい経営が多く、強い農業構造を持っています（**表２**）。英国の農場あたりの平均面積は81ha（２０１７年）であり、ＥＵ加盟国の中ではチェコに続いて大きい数値です。50ha以上の規模を持つ農場が農地の9割近くを管理しています。

英国の農業就業者数は２０１７年には47万人でした。そのう

図２　英国の農業産出額の内訳（2014-16年）

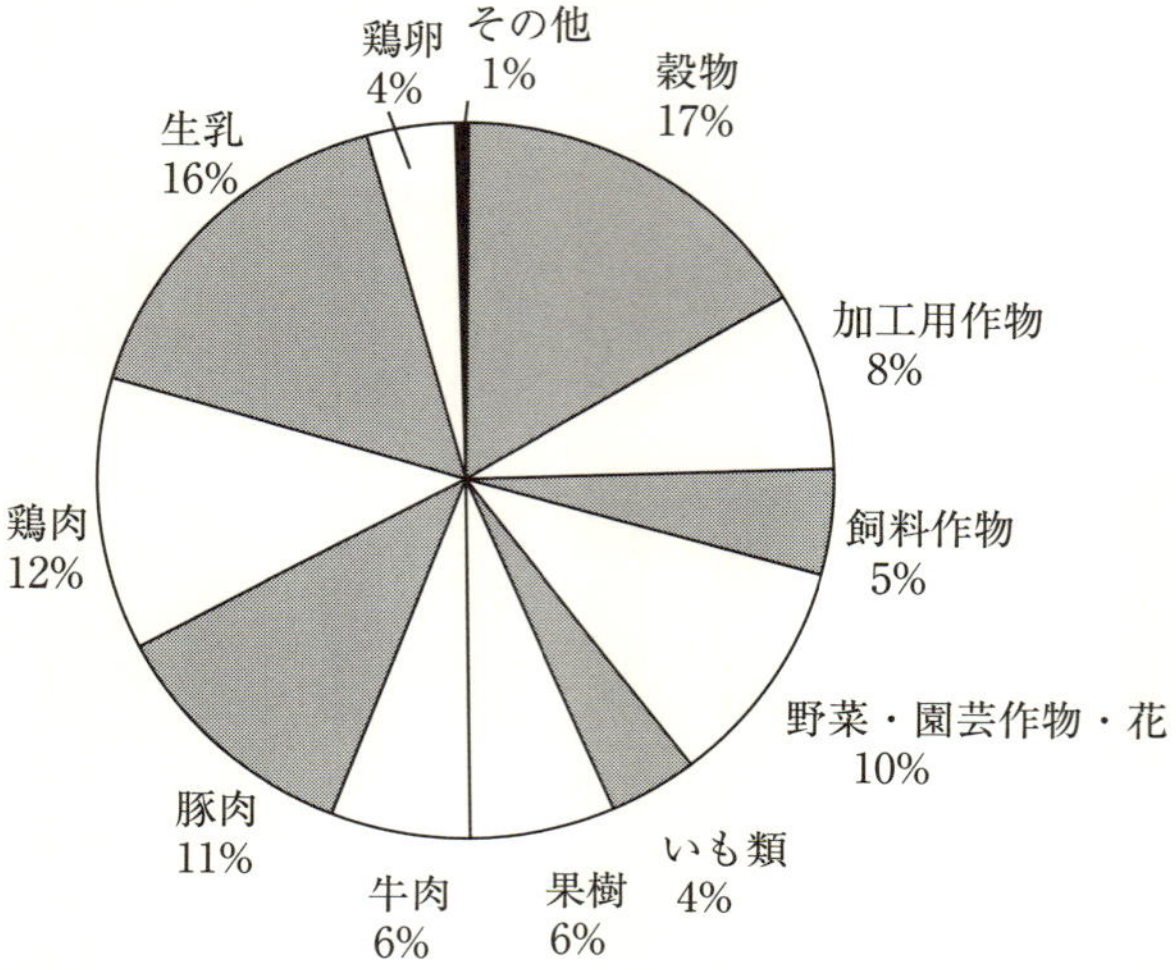

（出所）European Commission “CAP in your country: United Kingdom”

ち農場主や配偶者などのいわゆる家族農業従事者が29万人、農場に雇用されている人（農業労働者や雇われて経営を行うマネージャーなど）が18万人でした。１９８２年から２０１３年の約20年間で農業就業人口全体は26％減少しましたが、最近10年程度はほぼ横ばいで推移しています。長期的には、農場に雇用されている農業労働者は２０００年頃まで大幅に減少し、最近10年は、農業就業者数全体の数はあまり変化していませんが、家族農業従事者である農業者・配偶者の中でフルタイムが減り、パートタイムが増加しています。総じて、より少ない労働力で農場を管理するようになってきています。

2　農業政策の概要

英国の農業政策は、ＥＵの中でも強い農業構造を生かして競争力のある農業を追求すると同時に、生物生息地や農村景観の保全、動物福祉などを重視した政策となっています。農業政策の運用はイングランド、スコットランド、ウエールズ、北アイルランドの４カ国が独自に行っており、内容は概ね似たものになっていますが、条件不利地域が多く畜産の比率が高いスコットランド、農業経営規模の比較的小さいウェールズと北アイルランドは、農業政策にその特徴を反映させています。

表２　英国の国別の規模別農場数及び農家規模別の農地面積（2017 年）

	イングランド		ウエールズ		スコットランド		北アイルランド	
	農場数	農地面積	農場数	農地面積	農場数	農地面積	農場数	農地面積
単位	千農場	千 ha	千農場	千 ha	千農場	千 ha	千農場	千 ha
農家計/農地面積計	106	9,176	35	1,687	51	5,754	25	1,020
20ha 以下	42	303	19	112	32	159	10	107
20～50ha	21	692	6	206	6	188	9	273
50～100ha	18	1,283	5	347	5	343	4	289
100ha～	25	6,898	5	1,022	9	5,064	2	350
平均経営面積(ha)	87		48		113		41	
20ha 以上層の平均経営面積(ha)	139		99		292		62	

（出所）Defra（2018）“Agriculture in the United Kingdom 2017”

英国の農業政策は１９７３年のＥＵ（当時はＥＥＣ）加盟以来、ＥＵの共通農業政策の枠組みのもとで実施されています。共通農業政策は、昔はＥＵ予算の7割を占めていたこともあり、現在でも4割弱を占めるＥＵ政策の大きな柱です。現在の共通農業政策は、農地面積当たりに支払われる直接支払いを主体とする第1の柱と、各国・地域毎に策定される農村振興計画を対象に農業投資・自然資源の保護・農村開発などを助成する第2の柱から構成されています。２０１６年にはＥＵ平均で1ha当たり２５９ユーロ（約３１０００円）の直接支払いが行われていました。かつての共通農業政策の大きな柱だった国境での可変課徴金、輸出補助金は今では殆ど使われておらず、ＥＵ加盟国の農業者は農産物を国際価格で取引しています。その中で、共通農業政策を通じた助成は農業所得の大きな部分を占め、ＥＵの農業者を支えています。英国においても、農業所得の半分以上を共通農業政策からの助成金が占めています。

（1）共通農業政策の英国での運用

英国では、共通農業政策の第1の柱の事業は、ほぼ全てが農地面積当たりの直接支払いとして農業者に支払われます。英国の自由主義的な経済政策は農業政策にも反映されており、共通農業政策の実際の運用においても、ＥＵの他の加盟国が採用している中小規模農場への支援や大規模農場助成の上限設定などは英国では行われておらず、他の加盟国で一般的な生産と連動した補助金も、スコットランドでわずかに適用されているだけです。英国は平均農場当たり面積が80haと大きいこともあり、第1の柱の支払いを受給するに必要な農場の最低面積として、イングランドとウェールズは5ha、スコットランドと北アイルランドは3haと、ＥＵ加盟国の中でも広い規模要件を課しています(1)。

このうちイングランドでは、基礎支払い制度という事業名で、第1の柱からの直接支払いが実施されています。イングランドの農地は、平野部（農地の85%はこの区分に該当）、農業条件の劣る丘陵地、ムーアランド（丘陵地の中でも主として放牧に使われる荒地）という3つの地域に区分され、それぞれの単価が設定されています（**表3**）。また、第1の柱の直接支払いのうち30％は、EU統一の制度としてグリーニングという環境要件(2)を達成している場合に支払われるようになっています。これらを合わせて、イングランドでは多くの農地に対して1ha当たり年間約250£（約35000円）が支払われています。

一方、共通農業政策の第2の柱については、各国や地域が次の6つの優先事項について農村振興計画を策定して実行します。第1の柱による助成に比べて、国や地域の農業事情や優先度を反映した政策が行われるようになっています。英国では、構成する4カ国がそれぞれ農村振興計画を作っています。

（1）英国下院（2014）。"CAP reforms 2014-2020:Implementation Decisions in the UK"

（2）グリーニングは2014～2020年期に導入された、基礎支払いの30％を、EUの統一の3カテゴリーである作目の多様性確保、永年草地の維持、EFA（Ecological Focus Area）の設置の要件が達成された場合に支払う制度である。

表3　イングランドの基礎支払い制度の単価

（Entitlement（=1ha）当たり£）

		2015年	2016年	2017年
平野部	基礎支払い	171.83	175.27	180.46
	グリーニング	76.19	77.71	77.69
農業条件の劣る丘陵地	基礎支払い	170.60	174.01	178.90
	グリーニング	75.64	77.15	76.92
ムーアランド	基礎支払い	45.07	45.97	49.63
	グリーニング	19.99	20.39	21.32
（€/£換算レート）		0.73129	0.85228	0.89470

（出所）Rural Payment Agency（各年）"An update on the Basic Payment Scheme"

優先事項1：農林業と農村地域における知識移転と革新の促進
優先事項2：すべての種類の農業の競争力向上と農場の存続能力の向上
優先事項3：フードチェーン組織と、農業のリスク管理の振興
優先事項4：農林業に関わる生態系の回復・維持・増進
優先事項5：農業・食品・林業部門における資源利用効率の促進と、炭素排出が無くかつ気候に対する抵抗力の強い経済への移行支援
優先事項6：農村地域における社会的包摂・貧困削減・経済振興の促進、LEADER事業

このうちイングランドの農村振興計画は、優先事項4の「農林業に関わる生態系の回復・維持・増進」に予算の圧倒的な部分（83%）が向けられ、いわゆる農業環境政策に特化した内容となっているという特徴があります。他の優先事項（例えば優先事項6）の一部も農業環境政策に関わるものになっています。

イングランドの農村振興計画で農業環境政策の比率がとりわけ高い理由についてイングランド自然保全局(3)の担当者は、「これが予算の使い方として最も効果が高いと考えるからです。第2の柱は環境向け事業のためのものと考えています。第1の柱で設定されている環境要件が生み出す環境への貢献は非常に少ないと考えており、第2の柱で財源水準を維持しないと、環境目的を達成できないのです。」「英国政府はどの党が与党になっても、共通農業政策における農業所得への助成は正当化されないとの立場です。（環境向け事業に十分に支出しないと）納税者の理解が得られないと考えています。」と述べています(4)。

（2）イングランドの農業所得の内訳とCAP

イングランドの穀物と酪農部門でこれらの農業助成が農業所得に占める比率を見たのが**図3**です。前述したように、イングランドでは、第1の柱からの支払い（農地面積当たり支払い）として、多くの農地で1ha当たり年間約350０円を受給しています。また、環境に優しい農業に取り組む場合には、第2の柱の事業である農業環境支払いの対象となります。農業活動から得られる所得が大きく変動し、図にあるように穀物部門ではマイナスになっている年もある中で、第1の柱からの助成の農業所得に占める比率は多い年には3分の2を占めており、農業環境支払いも1割以上となっています。

（3）イングランド自然保全局（Natural England）は英国政府の公的機関であり、自然環境の保全を目的とし、国立公園などの指定と管理、市民の農村へのアクセス権の確保などを行っている。農業環境支払い事業の運用はここが担当している。

（4）2014年9月12日に和泉がイングランドの次期共通農業政策への対応及び農業環境支払いについてイングランド自然保全局に行ったヒヤリングより。

図3　イングランドの穀物経営と酪農経営の農業所得の内訳
（単位：農場当たりポンド）

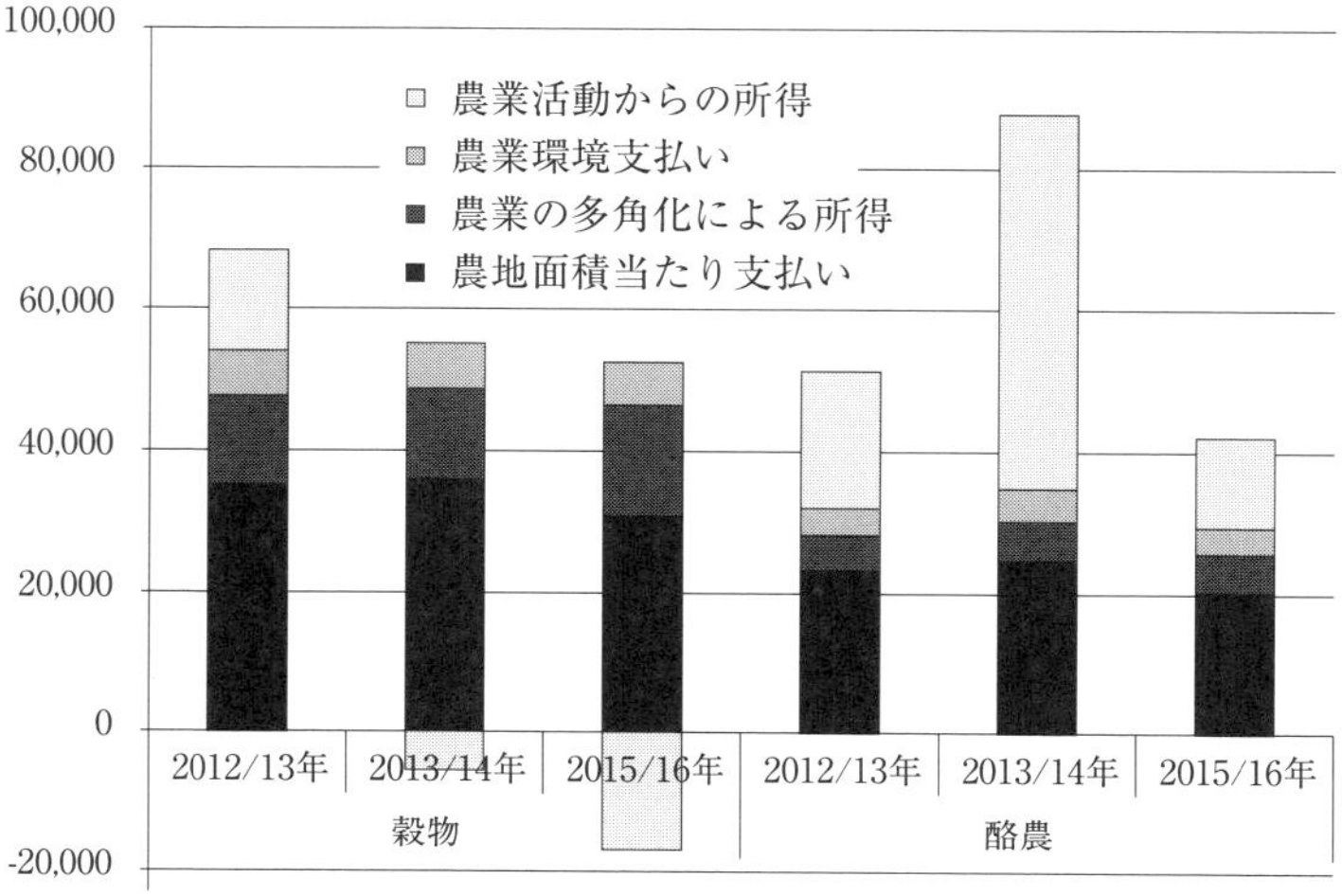

（資料）Defra（各年）“Farm Business Income by type of farm in England”

く貢献していることがうかがえます。

3　英国農業とEU

　英国は1973年にEU（当時のEEC（欧州経済共同体））に加盟しました。それから45年の間、英国の農業はEUの加盟国として、共通農業政策以外にもEU全体としての様々な規制・基準や、EU域内でのモノやヒトの自由な移動という条件の中で展開されてきました。

　この45年間に英国農業がどのように変わったかについて、英国下院図書室が英国農業の長期的なデータを公表しています（**図4**）[5]。それをみると、特に第二次世界大戦後の作目別の作付面積には大きな変化があることがわかります。**図4**が示すように、英国のEUへの加盟後、穀物では小麦の作付面積が大きく伸びる一方、大麦の作付面積は大きく減少しました。これは、英国のEUの加盟前の農業助成水準と比べて加盟後の助成水準が特に小麦について有利であったためです。英国における小麦生産の急増は、英国の食料自給率の向上及びEU全体の小麦生産過剰の一因となりました。

また、戦後の英国のリンゴに代表される果樹園面積は、EU内の他の産地との競合もあって、激減しています。昔の英国の農村に多くみられたリンゴ園の消滅は、農業の集約化・工業化の弊害の象徴としてよく取り上げられるトピックです。

　英国は農産物・食料の純輸入国であり、2017年には220億ポンドを輸出し、462億ポンドを輸入していました。貿易相手国はEU諸国が多く、輸出の60％、輸入の70％はEU内での貿易です。貿易品目は、輸出・輸入ともに、品目も様々であり、その内容も加工されていない農産物から加工度の高い食品まで多彩です。輸出ではウイスキーや菓子、食肉や乳製品など、輸入では生鮮野菜や果実、ワインやチーズなどが多くなっています。英国はEUの中で第3位の小

（5）House of Commons Library（2015）"Agriculture: Historical Statistics"

図４　英国の作目別の作付け面積の長期的な推移

(4-1) 小麦（単位：100 万 ha）

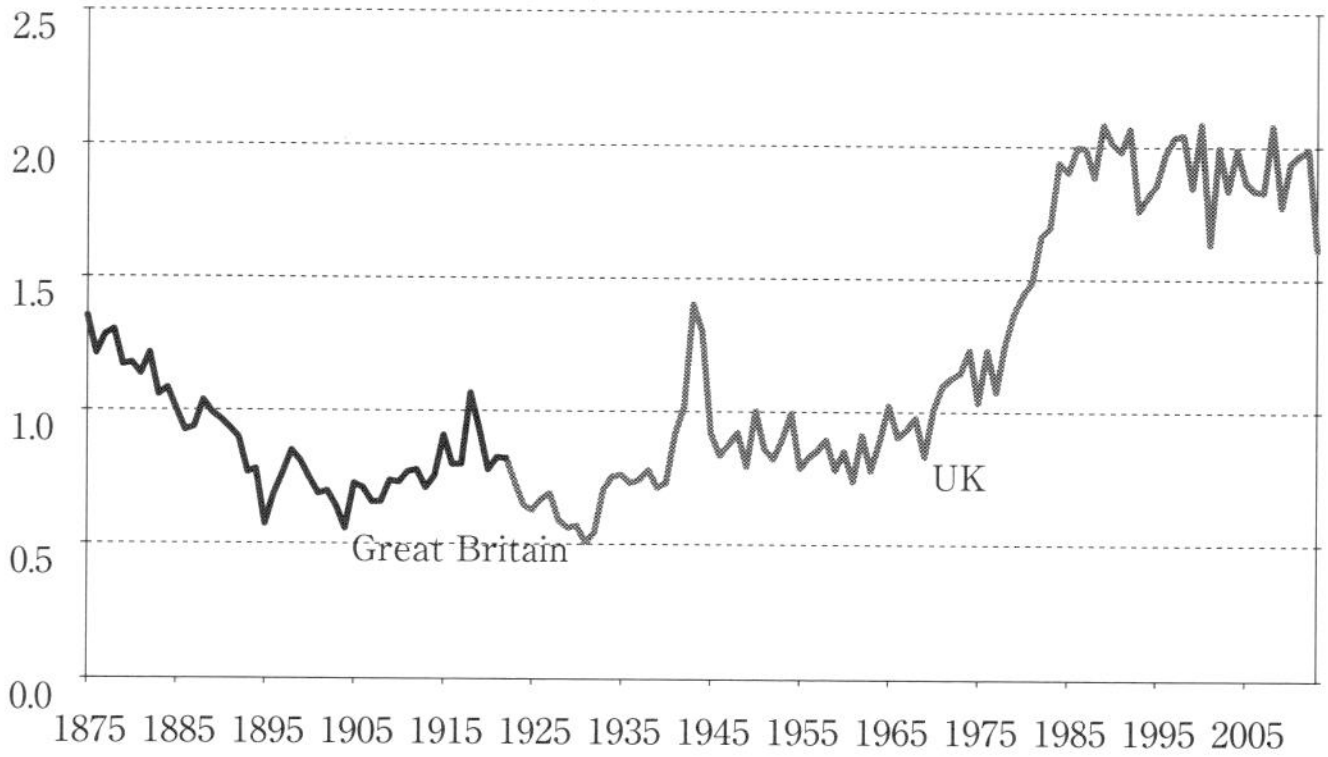

(4-2) 大麦（単位：100 万 ha）

(4-3) 果樹（単位：100 万 ha）

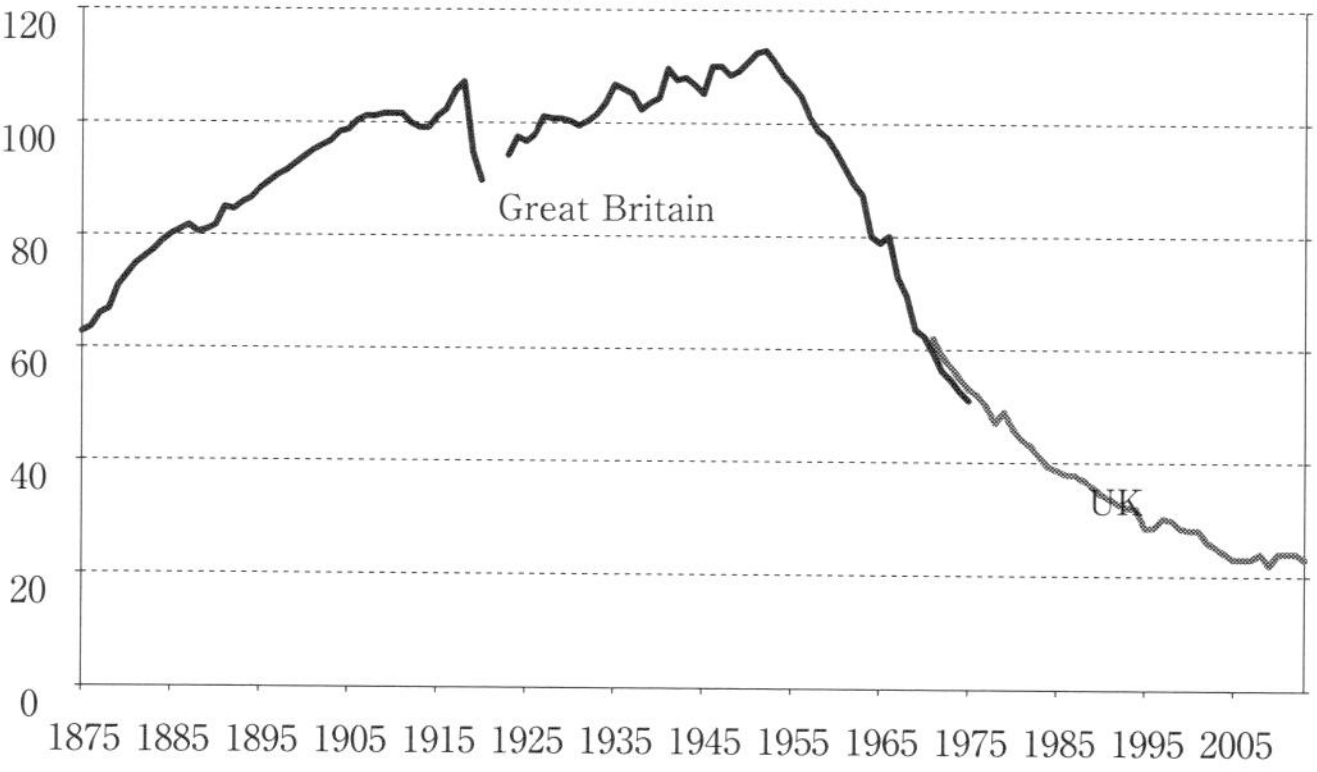

資料：House of Commons Library（2015）"Agriculture: Historical Statistics"

麦生産国ですが、小麦の輸出入は年毎に輸出が輸入を上回ったり、下回ったりしています。他のEU加盟国で作られた農産物や一次加工品が英国内で最終加工されまた輸出される、というように、EUの中で作柄や為替レートに応じて農産物や食料が自由に行き来しています。英国のスーパーマーケットでは、EU各地からの生鮮食品や食料品が並んでおり、EU内の自由な貿易の影響を身近に感じることができます。

英国の食料自給率は小麦の生産量の増加などにより、EU加盟後に上昇しましたが、近年では徐々に低下し、60％程度となっています（**図５**）。ブレクジットによってEU諸国との自由な物の往来が阻害された場合には、農業・食料部門に対しても大きな影響が出ることは容易に予想されます。

図５　英国の食料自給率の推移（生産者価格ベース、単位％）

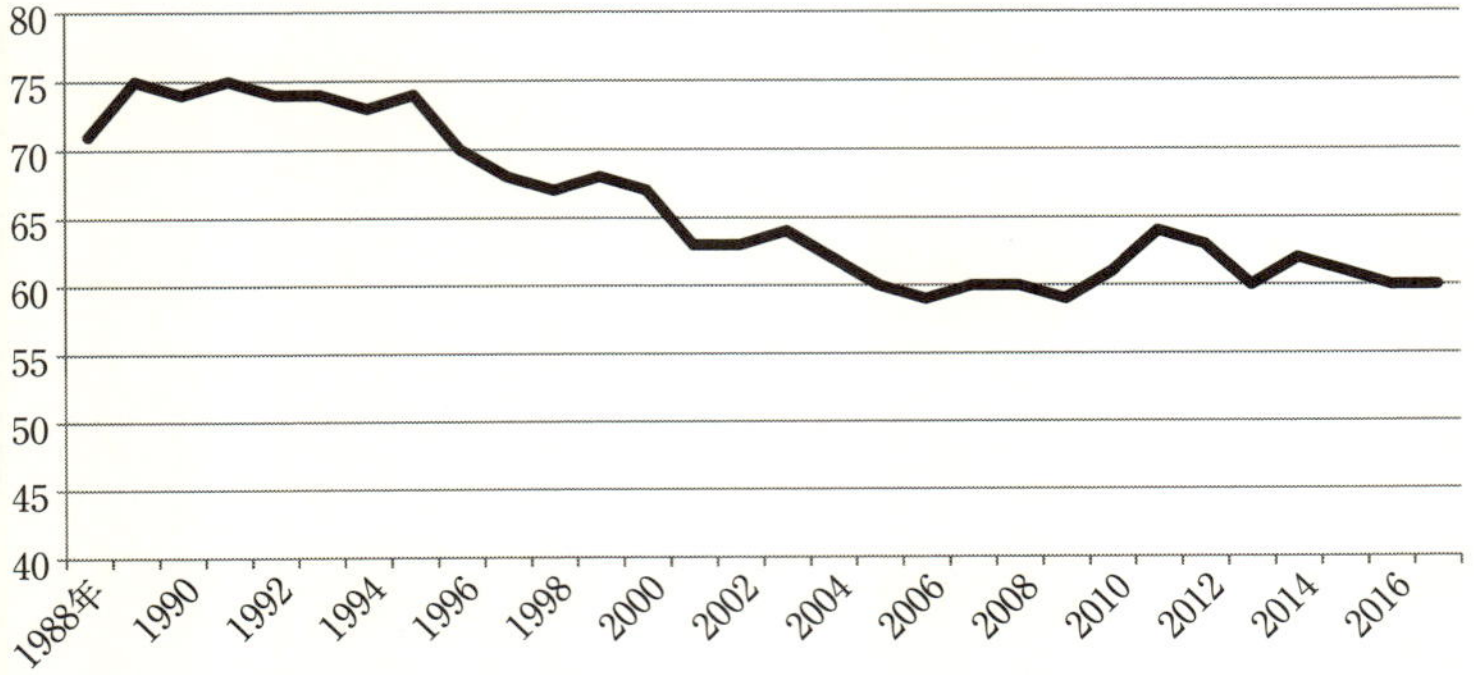

（出所）Defra（各年）“Agriculture in the United Kingdom”

第2章　イングランドの農業環境政策の変遷

英国、とりわけイングランドでは、戦後の農業の集約化（肥料や農薬の多投、大型機械の使用、大規模な排水事業など）がもたらした環境への悪影響を緩和・防止するために、30年以上にわたり農業と環境保全との両立を目指す一連の農業環境政策が実施されてきました。共通農業政策のうち第2の柱である農業構造政策について、イングランドはそのほとんどを農業環境政策の主要施策である農業環境支払いに向けています。現行の農業環境支払いは、ブレクジット後の英国の農業政策の基点となると見込まれています。本章では、イングランドの農業環境政策の変遷と、現在の農業環境政策を取り上げます。

1　農業環境政策の背景

英国で戦後の農業の集約化が環境に及ぼす悪影響が課題として広く認識されるようになったのは、1970年代に入ってからです。1942年の政府報告書「スコットレポート」で「田園を伝統的な姿に維持する上で最も安価でまさに唯一の方法」と表現された農業は、1978年の政府報告書「ストラット・レポート」では、「農業が景観と自然保護に悪影響を及ぼしていることは明らかであり、農業はもはや田園の最高のデザイナーとも『庭師』とも思われていない」と評されるようになりました(6)。**図6**は第3章で紹介する王立鳥類保護協会が収集したデータですが、農地に住む鳥類の

（6）和泉（1989）「英国の農業環境政策」富民協会。

数が大きく減少していることを示しています。この他にも、大規模な排水事業によるイングランド東部の湿原の急速な減少、生垣や立木が豊かな緑色の草地が茶色で平坦な穀倉地帯に変換されていく様は、社会的にも大きな批判を受けるようになりました。

これに対して、農業と環境保全との両立を図る農業環境政策が、１９８０年前後から農業政策、環境政策の両面から導入されていきました。イングランドの農業環境政策は農業環境支払いを主要施策とし、重要度の高い生物生息地の保全、有機農業振興、条件不利地域支払い、減反政策、農業者による自主的な環境保全への取組などが組み合わさって構築されています[7]。これに加えて、農地も含めた土地利用計画制度、共通農業政策の第１の柱の直接支払いの受給条件に含められた環境規制、国立公園や景観保全地区・自然保護地区などの設定、遊歩道の保全制度、関連する公的な試験研究などが農業と環境保全の両立に関わっています。

これを所管する省庁についても、２００１年にそれま

図６　イングランドの鳥類の数の変遷（1970年＝１）

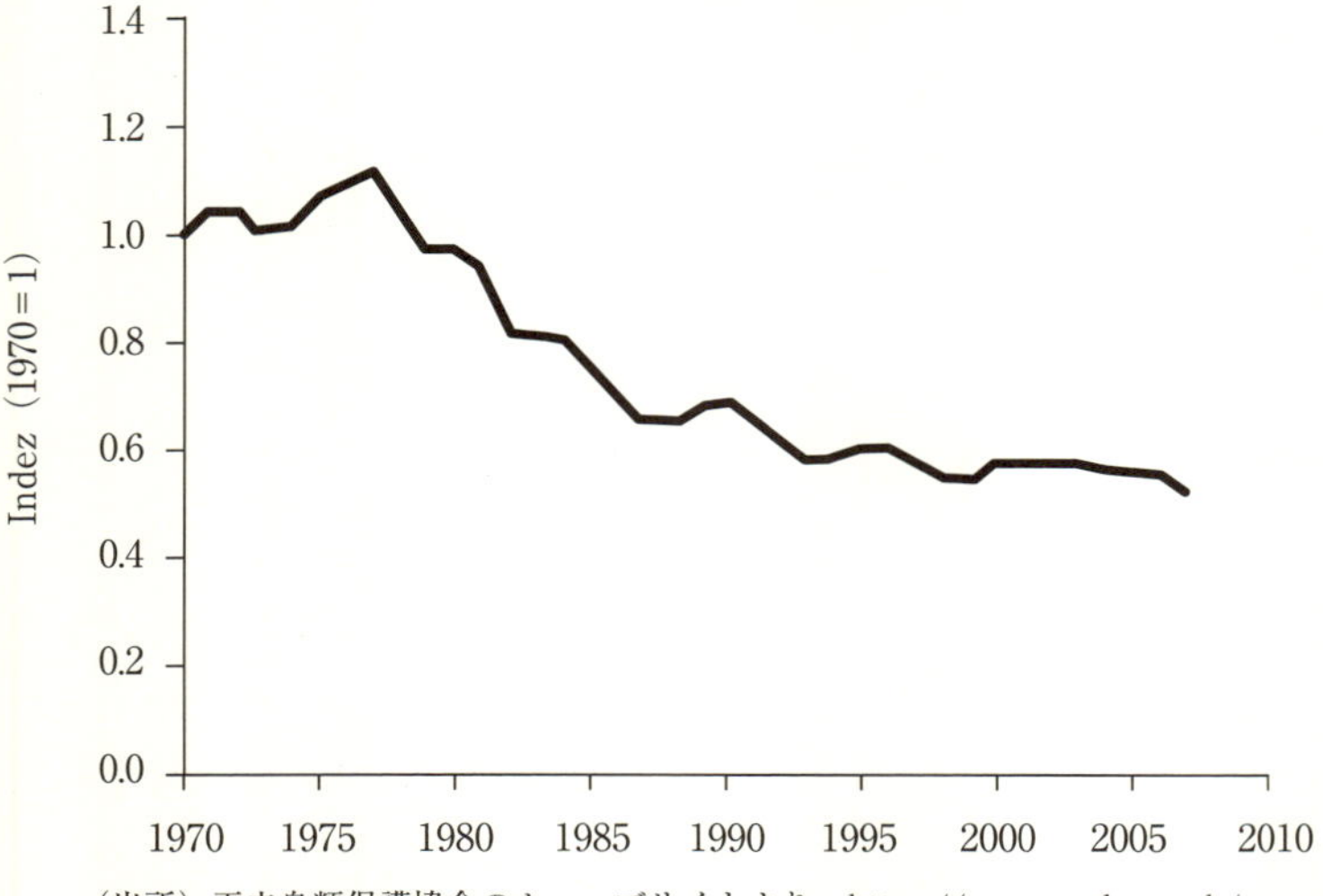

（出所）王立鳥類保護協会のウェッブサイトより。https://www.rspb.org.uk/our-work/conservation/conservation-and-sustainability/farming/near-you/farmland-bird-indicator

での農漁業食料省（ＭＡＦＦ）が再編され、旧環境・運輸・地域問題省や旧内務省の機能の一部を移管し、環境食料農村地域省（Department for Environment, Food and Rural Affairs: Defra）となりました。この組織再編を通じて、農村における環境保全が一体的に行われる体制になっています。

英国における農業と環境保全の両立は、近代的で集約的な農業を規制すれば良いというような単純なものではありません。国土の7割以上が農地である英国では、農業者の管理のもとで生物生息地や独特の美しい農村景観が形作られてきました。経営と環境の両面で持続的な農業活動ができなくては、英国の農村の環境は維持されないことになります。

例えば農業条件の悪い丘陵地での農業が過疎化などによって衰退することは、丘陵地の優れた環境価値やレクリエーションの場としての魅力を失わせることになり、そのために条件不利地域支援が行われてきました。しかし、支援の仕方によっては、家畜の過放牧や草地への過度の肥料投入を招き、丘陵地の環境劣化をもたらします。経済及び環境両面からの政策を通じて「環境にとって適切な農業活動」というバランスをいかに達成するかが農業環境政策の課題となっています。

2　農業環境支払いの変遷

農業環境支払いは、イングランドの農業環境政策の主要施策です。イングランドの農業環境支払いは１９８０年代から始まり、現行のＣＳ事業（Countryside Stewardship）まで30年余の歴史があります（**図７**）。

イングランドの農業環境支払いは、農地の自然環境を保全する活動を行う農業者に対して支払いを行うもので、以下

（７）Natural England（2012）“Evolution of Agri-Environment Schemes in England”

図７　イングランドの農業環境政策の変遷

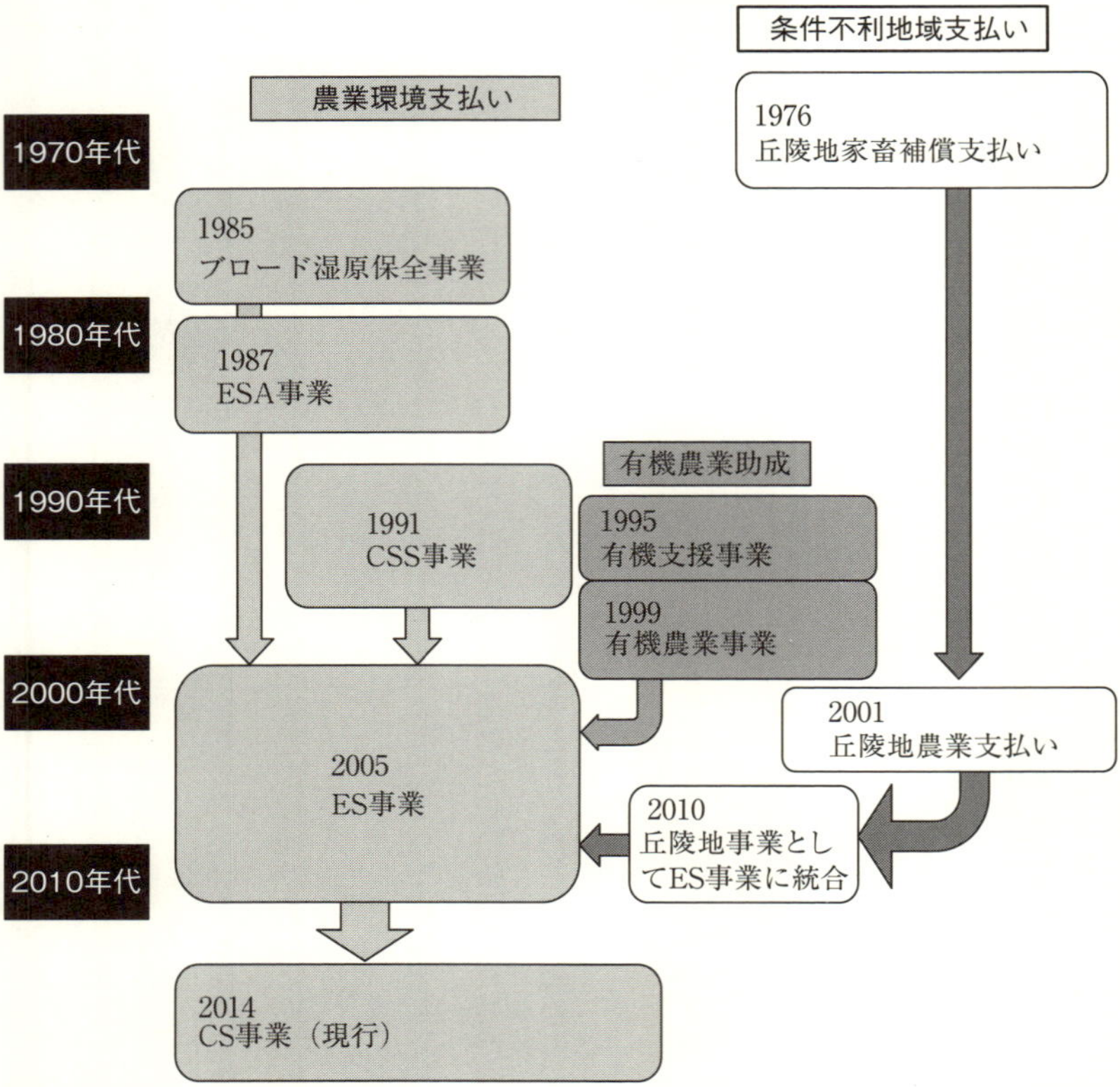

（出所）Natural England（2012）“Evolution of Agri-Environment Schemes in England”より筆者作成

表４　生垣の管理方法にみる「環境保全義務」と「それを上回る取組」

面積当たり支払いの受給条件	生け垣の中央から２m 幅は耕作しない、肥料・農薬を散布しない
ES 事業の入門レベル事業	生け垣の中央から２m 幅について、クロス・コンプライアンスでの取組に加え、生け垣の高さや刈り込みの頻度、時期などが制限される。
ES 事業の高度レベル事業	生け垣の中央から２m を越える部分も含め、耕作しないなど生物生息地用に管理する、耕作していない場所に当該地の生物保護に適した野生種の種を蒔くなど環境目的達成のための取組を実施

（出所）Natural England（2010）“Entry Level Stewardship Handbook” “Higher Level Stewardship Handbook”

のような特徴を持っています。

・通常よりも多くの環境保全的管理を行うことに対する報酬として毎年支払われます。
・管理の内容は、制度として決められている最低限の環境保全義務を上回る内容になります。
・支払いの対象は、一義的には農業者向けですが、他の土地の管理者も対象となることがあります。
・この事業は農業者が自主的に取り組むものです。取り組み期間は５年または10年が一般的です。
・支払いの財源は英国政府とＥＵから賄われます[8]。

このうち、「通常よりも多くの環境保全的管理」「最低限の環境保全義務を上回る内容」の例として、生垣の管理方法について面積当たり支払いの受給条件（義務的な取組内容）と後述のＥＳ事業の中の入門レベル事業・高度レベル事業と比べると、**表４**のようになります。

農業者に支払いを行うことで農業による環境破壊的行為を防ぐという手法が最初に用いられたのは１９８５年で、イングランド東部のブロード湿原の保全のために、排水事業や湿原地での耕耘を行わないことに対して農業者に支払いが行われました。この取組を全国に拡大する形で１９８７年に最初の農業環境支払いであるＥＳＡ事業（Environmentally Sensitive Areas）が始まりました。ＥＳＡ事業は景観、生物多様性、文化などの面で特に重要だと見なされた地域を指定し、その地域内の農場が環境保全的な取組を行う場合に助成するという事業でした。１９９１年に始まったＣＳＳ事業（Countryside Stewardship Scheme）は、ＥＳＡ事業ではカバーできなかった生物生息地を保全するために始まりま

（8）Natural England（2009）"Agri-environment schemes in England 2009"

した。

２００５年に導入されたＥＳ事業（Environmental Stewardship）は、それまでのＥＳＡ事業やＣＳＳ事業が生物多様性保全の重要度が高いなどの特定の地域を対象としていたのに対し、「より広く浅い農業環境施策」を目的とし、どの農地も農業環境支払い事業に申請ができるようになりました。それは、そのまま２０１４年から始まった現行のＣＳ事業（Countryside Stewardship）に引き継がれています。

図7にあるように、現行のＣＳ事業には、条件不利地域政策や有機農業への助成も統合されています。イングランドの条件不利地域対策は、１９７６年に始まった丘陵地家畜補償支払いという制度に見られるように、イングランドの丘陵地域農業の主体である家畜農場に対して、家畜への頭数支払いという形で行われていました。ＥＳ事業の発足時に統合され、ＥＳ事業の中に丘陵地農業向けの独自のメニューが設定されています。この動きからは、イングランドの条件不利地域対策は、農業がもたらす社会や経済面ではなく、環境にもたらす効果に焦点をあてて支援していると言えるでしょう、現行のＣＳ制度においても、丘陵地域農業向けメニューとして、放牧や原野の管理が助成対象となっています。

また、有機農業については、イングランドでは１９９５年に有機支援事業という独自の制度が導入されましたが、２０１０年にＥＳ事業に統合され、現行のＣＳ事業でも有機農業はメニューの一部となっています。

3　ＥＳ事業とＣＳ事業：現在の農業環境支払いの仕組み

(1)　ＥＳ事業：誰でも申請できる農業環境支払い事業の導入

ブレクジット後の新しい農地管理事業のベースになると見なされているのが、２００５年に導入されたＥＳ事業と、それを引き継いだ２０１４年からのＣＳ事業です。

それまでの農業環境支払い事業が特定地域を対象とした「狭く深い」事業であったのに対し、ＥＳ事業はそれに加えて「より広く浅い農業環境施策」の導入を目指しました。そのために、ＥＳ事業は、環境保全が特に必要とされる地域を主な対象にする「高度レベル事業」と、簡易な管理メニューが中心で誰もが申請できる「入門レベル事業」との２段階構造になっていました。高度レベル事業と入門レベル事業では申請方法や、対象となる農業管理方法（メニュー）、助成単価などが異なり、建物や石垣の構築などのハード事業も高度レベル事業に限定されるなど、明確な区分がなされていました。

ＥＳ事業の主要目的には、

・野生生物（生物多様性）の保全
・景観の維持と改善
・歴史的な環境と自然資源の保全
・田園地域に関する人々のアクセスと理解の推進
・自然資源の保全

さらに２次的目的として、

（写真）高度レベル事業では、緩衝帯において多様な植物のは種を行うなど環境保全のための複雑な管理が求められます。

・遺伝資源の保護
・洪水の管理

が挙げられ、それに対応したメニューが設定されました。

ＥＳ事業の高度レベル事業はそれまでのＥＳＡ事業やＣＳＳ事業と同様の事業であり、実際に終期の来たＥＳＡ事業やＣＳＳ事業の多くがＥＳ事業の高度レベル事業に引き継がれました。高度レベル事業では、イングランド自然保全局の専門家が農業者に助言することなどを通じて、それぞれの農場の持つ環境価値の保全に見合った方法で管理するようにメニューが組まれます。高度レベル事業の実施期間は10年でした。

これに対して、入門レベル事業は、イングランドの農業環境支払い制度において初めて「広く浅く」取り組もうとした事業であり、ＥＳ事業を特徴付けています。農業者は、農地１haにつき30ポイントになるように、様々な農地管理のメニューを組み合わせて申請し、これを実施すると１haあたり年額30ポンド払われる仕組みです。例えば１００haの農場は、様々なメニューを組み合わせて３０００ポイントを達成すれば、年額３０００ポンド受け取ることができるというものです。農業者はオンラインで申請し、必要なポイント数さえ満たされていれば、ほぼ自動的に採択されました。入門レベル事業の実施期間は5年でした。生垣や石垣の管理、農地の中の立木の保全、農地の周辺の緩衝帯の設置などが、よく取り組まれるメニューでした。

ＥＳ事業は２００5年から２０１4年まで実施されました。事業の導入当初に設定された政策目標は、

・入門レベル事業の対象農地の占める割合がイングランドの全農地の60％
・高度レベル事業と前事業であるＣＳＳ事業の対象農地が52万５０００ha

というものでしたが、事業終了の２０１４年には、２０１４年にはイングランドの農地の70％以上が農業環境支払いの

対象地となっており、中でも入門レベル事業は65％の農地で実施されていました。また、高度レベル事業など「狭く深い」事業についても、140万haという当初政策目標を大幅に上回る実施面積を確保しました。

このようにES事業は、特に保全の必要性の高い地域を対象に濃密な対策を維持しつつ、誰もが環境保全的な農業活動に取り組める入門レベル事業を加えることで、農業環境支払いをイングランド全域に普及させたと言えるでしょう。

（2）現行のCS事業

英国議会が公表した2012年に英国における農業と自然との両立のあり方についての「考察」(9)では、英国を含むヨーロッパ諸国が農業と自然との両立のために併用している、自然のための土地を隔離する政策（自然保護区など）と農業と自然を同居させる政策（農業環境支払い）という2つの手法について比較し、英国においては半自然生息地を保全しつつも後者を軸に取り組むべきだと結論づけています。この結論には、ES事業の成功が反映されていることは明らかでしょう。

2014年からの新しい農村振興計画を策定するために、新しい農業環境支払い事業を構築するにあたっては、ES事業の基本的な構造、すなわち、「狭く深い」事業と「浅く広い」事業の2段階構造、は新しい農業環境支払いであるCS事業にも引き継がれました。

2014年から導入されたCS事業は、生物多様性の保全と増進を最も優先度の高い事業目的とし（事業予算の75％をあてる(10)）、他の主要目的として水質保全・洪水対策（同20％）を掲げています。その他、景観の保持、土壌や水質

(9) House of Parliament（Postnote 2012年9月）“Balancing Nature and Agriculture”
(10) Ian Trouse（2014）“Development the New Environmental Land Management Scheme”

の保全、農場での教育、遺伝資源の保存、気象変動対応、歴史的環境の保全なども事業目的に含まれています。CS事業は、「高度事業」「中度事業」「小規模な投資助成」という3つの事業から構成されています。

このうち「高度事業」はES事業の高度レベル事業を基本的に引き継いでいます。

他方、前制度からの最大の変更点は、ES事業の入門レベル事業が申請すればほぼ自動的に助成対象となり、実績的にもイングランドの農地の65%を対象とする「浅く広い事業」であったのに対し、「中度事業」は、高度事業と同様に申請された案件の中から審査・採択され、自動的に助成されるわけではないことです。また、前の入門レベル事業では取り組むメニューのポイントを満たせば1ha当たり30ポンドという一律の単価が支払われましたが、中度事業では高度事業と同様に取り組むメニュー毎に設定された単価が支払われます。ただし、中度事業ではリストに掲載されているメニューの一部しか取り組むことはできないことになっています。高度事業、中度事業とも、実施期間は5年間です。

表5　CS事業のメニューと単価の例

	オプション内容	単価	高度事業	中度事業
AB1	蜜の豊富な花のミックス	£511/ha	○	○
AB9	冬季の鳥の餌の確保	£640/ha	○	○
BE1	耕地内の立木の保全	£420/ha	○	○
BE4	伝統的な果樹の管理	£212/ha	○	×
CT1	海岸の砂地と植生の管理	£314/ha	○	×
ED1	教育目的のアクセスの確保	£290/訪問	○	×
GS1	永年草地の非常に低投入での管理（SDA地域以外）	£95/ha	○	○
GS5	永年草地の非常に低投入での管理（SDA地域）	£16/ha	○	○
GS6	種の豊富な草地の管理	£182/ha	○	×
OR4	有機農業への転換（園芸作物）	£400/ha	○	○
OT3	有機農地の管理（畑地の輪作）	£65/ha	○	○
小規模な投資助成				
BN5	生垣の設置	£9.4/m	○	○
BN12	石垣の修理	£25/m	○	○

（出所）Natural England（2016））“Countryside Stewardship: Higher Tier Manual”
“Countryside Stewardship: Mid Tier Manual”

「小規模な投資助成」は生け垣や石垣の設置など、上記2事業の対象外である初歩的な事業向けの投資助成です。

表5はCS事業で農業者が選択できるメニューの一部を示したものですが、生物多様性保全から有機農業や伝統的農産物、農場での教育活動など、幅広い事業が対象となっています。

CS事業では、新たな取り組みとして、イングランド全体が159の地域に分けられ、それぞれの地域について、生物多様性保全のための優先度の高い生息地、生物種や採択における優先度の高い事項、水質保全のための優先事項、歴史的環境保全のための優先事項、森林保全のための優先事項などが指定されています。CS事業、特に中度事業に申請する場合には、当該地域での優先度の高い保全対象や取組を行うと採択されやすくなるようになっています。

申請が優先的に採択される条件として、面的な拡がりの基準も導入されました。高度事業では、事業実施面積が農地面積全体の5～10％を占め、以前高度レベル事業に取り組んでいたり、保護優先対象生物が生息している場所であること、中度事業では、事業実施面積が農地面積全体の3～5％を占めることで優先的に採択されます。中度事業は比較的広い面積での環境問題、例えば水質汚染を防ぐことや、農地での鳥類や昆虫類の保護などを重視しており、面積的な広がりが重視され、従って個々の農場を超えた範囲をカバーするような取り組みが奨励されています。

また授粉媒介生物保護用に次の3種類メニューを組み合わせて申請すると、採択の優先度が高まるという仕組みも導入されました。

・授粉媒介昆虫や鳥の餌となる昆虫のための蜜や花粉を提供する植物
・授粉媒介昆虫や鳥類の巣や隠れ場所となるような生息地
・鳥類の冬場の餌となる植物

このように、ES事業からCS事業に移行するにあたっては、より地域の環境の実情にあった効果的な事業にしようと、様々な変更がなされています。しかし、結果として、中度事業の申請や採択の過程が複雑化し、実際に事業が開始した2016年以降は採択や助成金の支払いの遅れなどが発生しており、課題となっています。

現行のイングランドの農業環境支払いは、生物生息地及び景観の保全にとどまらず、伝統的作物種の保全、教育、森林保全、海岸保全、条件不利地域支援、有機農業支援など幅広い事項が対象となっています。イングランドの過去30年間の農業環境政策の変遷の中で、農業環境支払いが限定された地域での環境保全から、全農地を対象とし農業のさまざまな多面的機能の保全・向上のための制度へと発展してきたことが分かります。

第3章　農業環境政策に関連する民間団体の活動

英国では環境保全団体など多数の民間団体が、長年にわたり農業環境政策の推進、改善に貢献してきています。むしろ、これらの民間団体に政策が引っ張られてきたと言うべきかもしれません。民間団体は、環境保全的な農業やそのための政策の導入を推進し、より効果的な農業環境政策の実施に向け試験研究や政策提言を行い、現場で取り組む農業者を支援してきました。長年にわたりそのためのデータの収集、実証実験、ステークホルダーの意見集約、事業の効果の評価などを行っています(11)。現在検討が進められているブレクジット後の農業政策においても民間団体の先導的な取組が各所に盛り込まれています。

農業と環境との両立を支援する民間団体と一口に言っても、数百万人の会員を持つ巨大な団体から、数人で運営される小さなものまで様々であり、その立ち位置も環境保全寄り、農業寄りなど団体によって異なります。民間団体間で目指すものが異なることも珍しくありません。

本章では英国で農業と環境との両立に向けて活動し、その取組がブレクジット後の農業政策に影響を及ぼしている民間団体のいくつかを紹介します。

（11）Environmental Stewardshipと試験研究機関、民間団体、企業との連携については、西尾・和泉・野村・平井・矢部（2013）『英国の農業環境政策と生物多様性』筑波書房の第4章を参照されたい。

1　ナショナル・トラスト（National Trust）

（1）ナショナル・トラストの概要

　1895年に設立されたナショナル・トラスト[12]は、120年余にわたって歴史的な建物や庭園、美しい景観を提供する海岸や森林、農地、集落などを保全する活動を行ってきた非営利団体です。現在の会員数は500万人を超え、年会費や寄付金などによる収入が4億ポンド（560億円）に達する英国最大の環境保全団体となっています。ナショナル・トラストはその収入を使って、保全対象とする土地や建物などを購入し、維持・管理しています。ナショナル・トラストの2018年現在の年会費は、個人会員が69ポンド（約10000円）、家族会員（夫婦と17歳以下の子供の場合）が120ポンド（17000円）となっています。年会費を払うことで英国内の環境や歴史的資産の保全に貢献し、休日にはナショナル・トラストの保有する庭園や遊歩道などを無料で利用することができます。ナショナル・トラストの活動は各地に配置されたレンジャーなど1万人の職員に加え、年

（写真）ナショナル・トラストの管理する遊歩道

間6万人ものボランティアに支えられています。

ナショナル・トラストは25万haという広大な土地を所有しており、「英国最大の農家」とも言えます。保有する土地の多くは、生物や景観を保全するための地域指定がなされており、ナショナル・トラストは環境保全的な農法で管理することを条件に、農業者に貸し出しています。ナショナル・トラストの農地を借りている農業者は１５００名に及んでいます。

ナショナル・トラストの地位を特有なものにしているのは、ナショナル・トラストが１９３０年代に英国議会から獲得した「不可侵権」を持っていることです。ナショナル・トラストが所有する資産のうち「不可侵権」を宣言したものについては、その資産には政府ですら手を出せない最強の保護権が与えられ、壊したり開発したりすることはできなくなります。ナショナル・トラストの保有する資産のほとんどはこの「不可侵権」の下にあります。

(2) ナショナル・トラストによる農地の管理の実際

ナショナル・トラストの所有する農地の管理の実際を、英国南西部、ノース・デボン海岸の景観保全地域での例から見てみましょう。貴重な景観で知られるノース・デボンの海岸線の50％をナショナル・トラストは所有しています。この地域を担当するノース・デボン・ナショナル・トラストの事務所には3人のレンジャーが配置されています。レンジャーの仕事は、地域内の遊歩道の管理、生物生息地の監視や管理、農地を管理する農業者との交渉、ボランティアによるプロジェクトの実施、市民農園の設置や管理など幅広いものです。

(12) 本節ではイングランド、ウェールズ、北アイルランドを対象としている。スコットランドについては、ナショナル・トラスト・スコットランドという別組織が運営している。

ナショナル・トラストは、海岸線に沿って並ぶ半島を覆う草地の管理を農業者に委託しています。こうした農業者の多くは、ナショナル・トラストの所有地の外に自宅と自作地を持ち、ナショナル・トラスト内の農地も管理しています。農業者との賃貸契約期間は通常3～5年となっています。

ナショナル・トラストが求める管理方法には、草地での放牧の他、草刈りや野焼きを行うことなどが含まれます。海岸線は放牧しにくい地形であり、農業者は放牧をしたがりません。また、景勝地であり遊歩道が多数設置されているので、夏場は人が怖がるとの理由で牛ではなく収益性の低い羊を放牧しなくてはならない、訪問者がいて農作業がしにくい、など農業者にとっては管理上マイナスな側面も多いです。レンジャーは農業者が契約通り十分に放牧をしているかどうかを監視する立場にあります。

国の農業環境支払いへの申請事務の多くは、農業者に代わりナショナル・トラストが行います。農業環境支払いを担当する国の機関（イングランド自然保全局）と農地の管理方法の内容について交渉するのもレンジャーの仕事です。例えば、国の機関は環境保全的側面から牛ではなく羊の放牧を志向するそうですが、それでは農場の経営は成り立ちません。レンジャーはそのような経営的視点も含めて国の機関と保全管理方法についての交渉をしています。

ノース・デボン地域は、肉牛を主体とする中小規模の農場が多く、このような農場にとって、ナショナル・トラストの所有地を借りて経営することは、経営規模の拡大につながっています。また、景観を楽しみに来る観光客を対象にキャラバンサイトを経営したり、観光客を相手にするレストランへ肉を直売したりと、景観保全地域ならではのビジネス展開に取り組む農場も多いです。

５００万人にものぼる会員、そしてボランティアがナショナル・トラストの活動を支えています。英国人は農村が好き、農村に理解があると言われていますが、その土台となっているのは、小さい頃から家族で農村を訪れ、楽しむような生活をしているからなのではないでしょうか。ナショナル・トラストは、農村を美しく楽しめる場所として保全するとともに、そこでの農業者の経営を支える役割を果たすことで、都市と農村を結びつけています。

2　王立鳥類保護協会（The Royal Society for the Protection of Birds: RSPB）

（1）王立鳥類保護協会の概要

１８８９年に鳥類の保護を目的に設立された王立鳥類保護協会は、１１０万人の会員を持つヨーロッパ最大の環境保全団体です。２０００人の職員に加え、１３０００人ものボランティアに支えられています。年間予算額は９９００万ポンド（約１４０億円）となっています。

王立鳥類保護協会は、１８８０年代末から長年にわたり鳥類のデータ収集を行ってきたことで知られています。鳥類は短期的な天候の変動などにあまり左右されず長期的な傾向をみられるため、信頼度の高い生物多様性の指標生物とみなされています。このようなデータの収集は、会員のボランティア活動やイベント企画を通じて行われます。例えば毎年１回、自宅の庭に来る鳥類を数えるイベントを企画し、人々の鳥類への関心や知識を高めるようにしています。

王立鳥類保護協会の活動の柱の１つは、鳥類の生息地として特に重要な場所を買い上げ管理することであり、現在約２５０の保護地、総面積13万haを所有しています。それぞれの保護地の大きさは、数haから数10haで、保護地の地形も海岸線の絶壁、湿原、森林などが含まれ多様です。

国土の７割以上が農地である英国では、農業の変化によって特に１９７０、１９８０年代に農地に生息する鳥類の数や種類が大きく減少しました（第２章の**図６**）。このデータを収集していた王立鳥類保護協会は、戦後の英国農業の近代化・集約化が環境に甚大な被害をもたらしたとの批判の急先鋒となった団体でした。王立鳥類保護協会による農業を批判するキャンペーンは次第に浸透し、その後の英国の農業環境支払い制度の構築に大きな影響を及ぼしました。この経緯から、王立鳥類保護協会は農業者から反農業団体とみなされることが多いのですが、「反農業ではなく、悪い農業に反対なのだ」とのことで、農業者と一緒に農業と環境の両立のために活動する姿勢をとっています。

(2) 王立鳥類保護協会の直営農場ホープ・ファームでの取組

この農業と環境の両立のための活動を象徴するものとして、王立鳥類保護協会は2000年にケンブリッジ州にホープ・ファームという直営農場を設置し、ここで鳥類の保護と近代的な農業生産活動とを両立させるための手法を模索しています。ホープ・ファームの経営面積181haは、この地域の穀物農場としては小規模に属します。しかし、ホープ・ファームでは慣行的方法で穀物を生産する一方、鳥類の保全のための様々な取組を行い、それでいて経営全体としては収益を上げています。

同時に、ホープ・ファームでは、農地に生息する鳥類を保全するための手法を開発するため様々な実証実験が行われており、その成果をもとに政府に対し政策提言を行い、農業環境支払い制度の様々なメニューの中などにその成果は反映されています。例えば、王立鳥類保護協会は、農地に生息する鳥類保護のためには、巣作りの場所の確保、雛を育てる夏場の餌の確保、冬場の餌の確保の3つの条件が必要であり、巣が守られ雛が育っても冬場の餌が無ければ鳥は生存できないと提言しています。この提言をもとに、2015年から開始されたCS事業（第2章参照）では、上記3条件が全て達成できるような一連のオプションをセットにして申請すると、優先的に事業が採択されるようになっています[13]。

ホープ・ファームで試験的に行われている農地管理手法の中には、第4章で紹介するゴーヴ大臣の2018年1月の講演で言及された不耕起栽培も含まれます。これは、近年、イングランドの南西部の小麦地帯で被害が急速に拡大し、しかも農薬耐性のできてしまっているブラック・グラスという雑草への有効な対策であると期待されています。さらに、機械で圧搾しないことで、土壌中の生物の維持ができます。

英国には、数多くの環境保全団体があり、野生生物全体の保全を目的とする団体、蝶類や昆虫類など特定の生物やその生息地の保全を目的とする団体など多様ですが、王立鳥類保護協会を筆頭に、独自のデータ収集や実証試験に基づく科学的根拠を提示しつつ、農業と環境の両立を模索し、その中で政策提案を行っています。英国の国民は会費や寄付、あるいはボランティアでの貢献を通じて、その活動を支えています。

（写真）ホープ・ファームにて、マネージャーから話を聞く

（13）Defra（2014）"Introducing Countryside Stewardship: November 2014"

3 LEAF（Linking Environment And Farming: 環境と農業を繋ぐ）

（1） LEAFの概要

LEAF（環境と農業を繋ぐ）は、1991年に設立された「持続可能な農業をグローバルに推進する」ことを目的とした民間団体です。会員は農業者・流通業者・消費者・大学・コンサルタントなどに分かれ、それぞれの会費が設定されています。主な活動は、次の3つです。

●IFM（Integrated Farm Management: 総合農場管理）という持続的な農業管理手法の振興と実施農場へのLEAF認証の付与
●農業と流通を繋ぐ事業としてのLEAFマーク事業（商品につけるLEAF認証マーク）
●農業と市民を繋ぐ事業としてのオープン・ファーム・サンデー事業

LEAFはこれらの活動を英国内、さらには海外において展開しており、会員は38カ国に広がっています。大手スーパー、農業資材企業など多数の企業が会員となっており、研究機関との連携事業も多いのですが、LEAF自体は業種間を繋ぐ役割に徹し、自ら事業を行って報酬を得ることはしないことに特徴があります。英国全域、さらには海外も含めた事業、キャンペーンを展開しているにも関わらず、LEAFの本部の事務所は小さく、本部の職員は12名しかいません。2018年のLEAFの年間事業費は約120万ポンド（約1・7億円）となっています。

（2） LEAF認証の付与とLEAFマーク

LEAFの事業の柱の1つは、持続的な農業管理手法であるIFMを実施し、監査を通過した農場に対しLEAF認証を付与することです。ＩＦＭは次の９つのカテゴリーから構成されています。

・組織と計画
・土壌管理と肥沃性
・作物の健全性と防除
・汚染の制御と副産物の管理
・家畜管理
・エネルギーの効率性
・水の管理
・景観と自然の保全
・地域社会への関与

この９項目はそれぞれの数値基準などが設定されているのではなく、個々の農場が各項目に取り組むプロセスに着目して評価がされます。具体的には、①どのような頻度でチェックしているか、②何をチェックしているのか、③チェックした成果をどのように活かすのか、をみています。これは、個々の農場の生産条件やコスト、持続可能な手法については、農業者自身が誰よりも知って

LEAFによるIFMの説明図

いるのだから、という考え方によるものです。今では、英国で生産される野菜と果実の36％がＬＥＡＦ認証農場で生産されています(14)。ＬＥＡＦ認証のための監査は監査専門企業が行い、農業者はＬＥＡＦ認証を取ることでＬＥＡＦに支払いを行うことはしません。

農業者がＬＥＡＦ認証をとることのメリットとしては、

・流通業者や食品加工業者には取引をする農業者にＬＥＡＦ認証の取得を条件にしたり、認証を持っていることで優先的に取引ができることがある

・商品にＬＥＡＦマークが付くことで、他の商品よりもプレミアムがつく

・ＩＦＭに取り組むことで、経営が効率化する

ことがあげられます。

ＬＥＡＦマークは、ＬＥＡＦ認証を持つ農場で生産されたことを示すために、その商材に添付されているマークです。例えば英国の高級スーパーであるウェイトローズで売られている生鮮品の多くにはＬＥＡＦマークが付いており、その他、ユニリーバ社、英国生協などでＬＥＡＦマークが使われています。また、朝食シリアルのメーカーであるジョーダン社のように、原材料はＬＥＡＦ認証を持つ農場から調達していても、製品にＬＥＡＦマークを添付しない企業もあります。企業がＬＥＡＦマークを求める理由は、その農場が一定水準に達しているという証明になるからです。英国の食品には実に色々な認証マークが付けられていますが、その中できちんとした監査システムを経て付与されるマークは有機認証など限られたものしかなく、ＬＥＡＦ認証はその１つとみなされています。ＬＥＡＦマークについても、ＬＥＡＦ自体はマークを付ける企業等からの報酬は得ていません。

(3)「オープン・ファーム・サンデー」

ＬＥＡＦが近年大いに知られるようになっているのが、「オープン・ファーム・サンデー」の取組です。これは、年1回（大概は毎年6月の第1日曜日）に、英国の約３６０の農場が、人々の訪問を受け入れるというイベントです。２０１８年でこの取組も13年目となりましたが、訪問者数は年々増加しており、２０１８年には29万人を超える人々が農場を訪問しました。人々は農場で、トラクターの引くトレーラーに乗って農場を回ったり、牛の搾乳作業を見学したり、大型の農業機械の運転台に乗ってみたり、農業機械による作業を見学したり、と用意されたメニューを楽しみます。

英国でも日本と同様、農業について知らない消費者や子供が増えています。ＬＥＡＦはオープン・ファーム・サンデー事業を行うことで、多くの人に農業について知ってもらい、持続的な農業への取組の支援者になってもらおうと考えています。

訪問を受け入れる農場はＬＥＡＦの会員でなくともよく、ＬＥＡＦは参加する農業者に対して、コミュニケーションについての研修と、どのようなイベントを行ったらよいかについてのワークショップという2種類の研修コースを準

(14) LEAF (2018) "A year in review 2018"

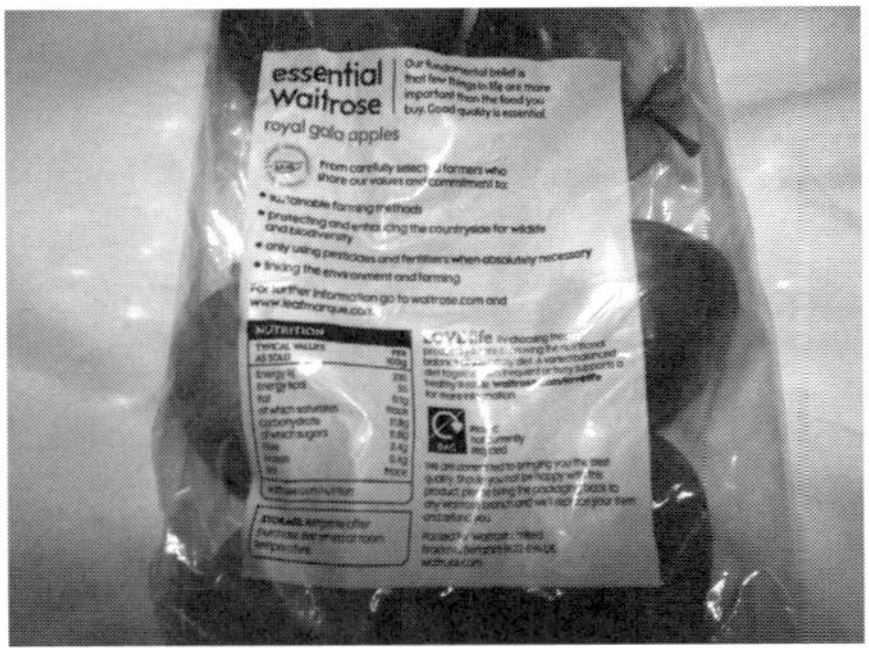

左図　LEAFマーク
右図　LEAFマークをつけて売られているリンゴ（ウェイトローズの商品）

備してサポートしています。オープン・ファーム・サンデーの当日は、企業や周辺農場、ボランティア団体などが参加農場を支援します。企業は、社員を農場にボランティアとして派遣したり、自社製品を配布・展示したりしています。

ＬＥＡＦの取り組む総合的な農場認証事業は、ブレクジット後の農業政策において農場の「多面的機能の発揮」を含めた評価手法の参考とされています。また、オープン・ファーム・サンデーの取組は、「農場へのアクセス」として、新農業法案の事業の中に取り込まれています。

4　土壌協会（Soil Association）

（1）土壌協会の概要

土壌協会は、持続的で健全な食料・農業・土壌の確保のために１９４６年に設立されました。土壌協会は世界で最初に有機認証の仕組みを構築したことで知られており、現在、英国の有機産品の80％を認証しています。

土壌協会は有機農業の普及や食育等に取り組むチャリティー組織と、別組織としての認証事業組織から成り立っています。２０１７年度の年間事業費の１４００万ポンド（約20億円）と約２５０人の職員は、チャリティー組織と認証組織がほぼ半分ずつとなっています[15]。土壌協会の認証事業は、有機農業への認証以外にも、林業（持続的な森林管理）、加工食品、化粧品、繊維、飲食業についてなど幅広く行われています。一方、認証以外の事業は、農業者への有機農業の普及と、消費者向けの食育事業に大別されます。

土壌協会の有機認証マーク。英国の有機産品のほとんどはこのマークをつけている

（2）土壌協会の給食改善事業

土壌協会は、有機農業を伸ばすためには、消費者の食生活の改善が必要だとの認識から、食生活の改善につながる事業を展開しています。その中心をなす給食改善事業（Food For Life）は、学校、保育園、病院、老人ホームなどで提供される給食に対して、食材などについて地元産の食材かどうか、有機農産物かどうかなど基準を示し、その内容に応じて金、銀、銅の認証ロゴを与える事業です。**表6**は、小中学校向けの「銅」認証に必要な取組事項ですが、動物福祉、「旬」の重視、遺伝子組み換え食品の不使用など幅広い内容が含まれています。この給食事業に加えて、学校における、料理の授業、学校農園の設置、近隣の農場との提携、食材納入業者の関与、生徒の家族の関与など、学校全体が食育に関与するような取組を支援しています。

現在ではこの事業のもとで1日200万食が提供されており、例えばイングランドの小学校の50％以上がこの事業で認証された

(15) Soil Association Ltd.（2018）“Trustee's report and consolidated fibabcila statements for the year ended 31 March 2018”

表６　土壌協会の給食改善事業における小中学校向け銅認証取得に必要な取組事項

1	国の食品及び栄養に関するガイドラインに従っていることが示せること。
2	少なくともメニューの75％は、その場で原材料から調理されたものであること。
3	食肉全てが英国の動物福祉水準を満たしていること。
4	魚は「海洋保全協会」の示す「避けるべき魚類」のものを使っていないこと。
5	卵は平飼いされた鶏から来ていること。
6	好ましくない添加物や人工の不飽和脂肪酸が使われていないこと。
7	遺伝子組み換え食品が使われていないこと。
8	飲料水が無料で自由に提供されていること。
9	メニューは季節を反映したものとし、旬の食材が特筆されていること。
10	食材の原産地が表示されていること。
11	食材や文化上のニーズに全て対応していること。
12	食材納入業者は食品安全水準に適応していることを示す監査を受けていること。
13	調理する職員は生鮮食品の調理やこの認証マークについての研修を受けること。

（出所）Soil Association Food for Life Catering Mark Handbook 2016: Schools

給食を提供しています。認証ロゴを持っている学校の方が持っていない学校よりも1日に使う青果物の量や種類が多いとの事業効果も出ており、英国政府の健康部局や食料部局もこの認証事業をモデルケースとして推奨しています。

土壌協会はその組織名の示すように、設立当初から土壌中の微生物の状態など良好な土壌のための管理を呼びかけてきました。当初は環境保全の対象として、植物や動物の生息地と景観の保全が中心だった英国の農業環境政策ですが、2018年1月に公表された「25年間の環境計画」や新しい農業法案の中には持続的な土壌の管理が明記されています。また、給食改善事業を通じて農業の在り方が国民の健康に寄与していくというブレクジット後の食料政策の考えを先導しています。

5　FWAG（Farming & Wildlife Advisory Group：農業と野生生物についての助言グループ）

（1）FWAGの概要

農業と環境保全との両立について、農業者の立場に立って助言を行い、それを推進しているのが1969年に設立されたFWAG（農業と野生生物についての助言グループ）です。この団体はもともと環境保全の必要性を感じた農業者達により設立されました。今では、農業者による環境保全活動を支え、農業環境支払い事業において制度と農業者をつなぐ有力な団体として活動しています。

FWAGは、2011年からはイングランドとウェールズの8地域のFWAG組織を統括する連合会組織となっています。例えば、「東部地域FWAG」は、6人の職員で4州を担当しています。農業者は年会費を払ってFWAGの会員になり、FWAGの職員である専門家の助言を受けます。農業者がFWAGの専門家に求める助言の内容は、農業環境支払い事業の申請や実施に関すること、LEAF認証など環境に関連する認証制度の実施に関すること、自主的な環境保全の取組の内容などさまざまです。助言を受けるための年会費は、東部地域ＦＷＡＧの場合、情報誌などが提供される基本会員の年会費が50ポンドです。年会費２００ポンドを払い「ファーマープラス会員」になると、無料の助言サービスが２回つき、多くの農業者はこれを利用しています。３回目からの助言サービスは追加費用が必要になります。

（２）FWAGと農業環境支払い

現在のＦＷＡＧの活動の大きな部分を占めるのが、農業環境支払い事業の申請を行おうとする農業者への助言です。農業環境支払い事業の中でも、特に環境価値の高い農地を複雑な方法で管理する高度事業に取り組む場合には、農業者は「農場環境計画」を作り事業を申請する必要があります。農場環境計画は農場内の生物資源等の状況や取り組もうとしている管理方法を詳細に述べたものであり、専門的な知識を要するので、申請する農業者の多くはＦＷＡＧのような民間のアドバイザーとともに作成することになります。農場環境計画作成にかかった費用は、事業の採択の可否に関わらず、農業環境支払いの公的実施機関から後日農家に補填されるようになっています。

イングランドの農業環境支払いは２０１５年からは新しい事業であるＣＳ事業が導入されましたが、この事業は３５０ページ分もの文書がネット上にのみ提供されており、中身も複雑で、農業者はそれを読みこなして事業を申請しなくてはならなくなっています。ＦＷＡＧの専門家は、「ＦＷＡＧにとっては新事業への移行は良いビジネスチャンスか

FWAGのマーク

もしれないが、農業者がこのような手続きに忙殺されなくてはいけないことは良くない。農業者は生来、農場で作業をしたいのだ」と嘆いていました。

ＦＷＡＧは農業者と国の機関をつなぐ役割も果たしています。例えば、環境価値の高い指定地域内の農場や、希少な生物の生息が報告された地域の農場などに対し、環境事業を実施する公的機関であるイングランド自然保全局はＦＷＡＧなどの環境関連団体と連携して、農業環境支払い事業に参加するように誘導しています。国の機関の職員が農場に直接働きかけるよりも、ＦＷＡＧの専門家が当該農場に出向いて事業への参加やその前段階としてのセミナーへの参加などを働きかける方が、農業者の抵抗感が少なく、事業参加が容易になるそうです。

ＦＷＡＧの事業は農業者から利用料を得るだけではありません。例えば水道会社は水源地帯にある農地が適正に管理され良い水質が保たれるよう、ＦＷＡＧに事業を委託しています。ＦＷＡＧの専門家は水源地帯

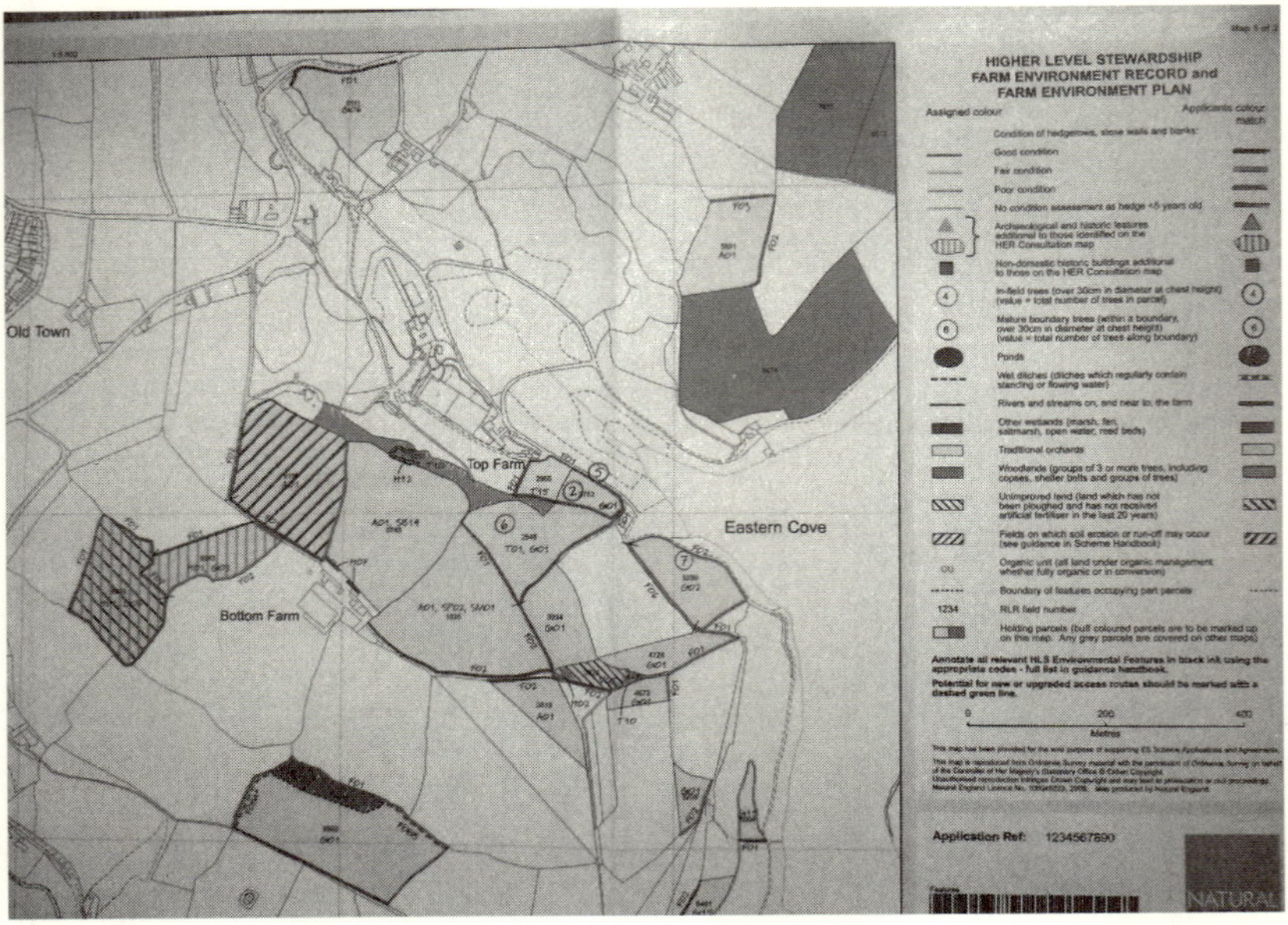

農業環境支払い（高度事業）を申請するには詳細な図を含む農場環境計画を作る必要がある。

にある農場を訪れ、水質を保全しつつ効率的なやり方で農業を行う方法について農業者へ無料の助言を行っています。ＦＷＡＧの専門家によれば、「水道会社の職員が直接農場に行っても相手にされないだろうが、我々ならば農業者と話ができる」ということだそうです。

英国では公的普及組織が１９９７年に民営化されており、個々の農場は助言を得るために専門家を雇ったり、あるいは農場と契約している資材会社や農産物販売会社のアドバイザーが農場への助言を行ったりしています。その中でＦＷＡＧは、近年ますます需要の高まっている農業と環境との両立について、農業者の側に立って助言を行うというユニークな立場で、その力を伸ばしています。

６　民間団体による農業環境政策の推進

以上紹介した以外にも、様々な民間団体が英国の農業と環境との両立に関与しています。民間団体のみならず、企業も様々な形で関与しています。このような民間団体は環境保全価値の高い地域を取得して自ら管理する他、環境に関するデータの収集、試験圃場、契約農場などでの試験研究を通じたデータの提示、会員やボランティアのプロジェクトへの関与、さらにはマスメディアの活用を通じたコンセプトや活動の普及といった活動を通じて農業環境政策の立案や実施のサポートをしています。

一方、英国の国民は、これらの民間団体に年会費を払って会員になったり、寄付や遺贈を行ったり、ボランティアとして活動に参画することを通じて、民間団体の活動を支えています。また、これらの団体が維持管理する美しい農村を楽しむことで、都市の人々は農業や農村の環境への関心を深めることができます。

英国でみられる民間団体による農業政策への積極的な関与は、日本ではあまり見られません。国民全体を農業振興や農業の多面的機能の保全に関心を持ってもらうためにも、日本での民間団体の活動の拡大と、官民の連携の強化が期待されます。

第4章　ブレクジットと英国農業

1　英国のEU離脱と農業への影響

（1）EU離脱の是非を問う国民投票

英国で2016年6月23日に実施されたEU離脱の是非を問う国民投票の結果は、大方の予想を覆して「英国はEUから離脱する」というものでした。この世界中を驚かせた国民投票から2年近くがたち、英国がEUから離脱を予定している2019年3月末は間近に迫っています。

農業者にとって、EUから離脱することは、農業所得の半分以上を占める共通農業政策からの助成を受けられなくなることであり、ブレクジットは特に農業者への打撃が大きいと見込まれているのですが、各種調査によれば、英国の農業者の過半はEU離脱をするように投票しました。ただし地域差が大きく、農業条件が比較的厳しく助成金への依存度の高いスコットランドやウェールズ、東欧からの労働力依存度の高いイングランド南東部の野菜地帯の農業者はEU残留への支持率が高かったようです。EU離脱を支持した農業者は、離脱によってEUの複雑な環境規制や事務手続きから解放され、より自由に生産することができるようになると期待しているとみられています。

（2）ブレクジットが英国農業に及ぼす影響

ブレクジットが英国の農業分野に及ぼす影響は非常に多岐にわたります。大別すると、EU及びEU以外の国との貿易関係、食品品質基準など既存のＥＵの制度でカバーされている農業関連の法制度の行方、農業部門への公的支援のあり方、東欧からの季節労働力を中心とする労働力へのアクセスという4項目に分けられ、それぞれに対応が必要だということになります[16]。これらのうち、後述する「農業部門への公的支援のあり方」以外の3項目について、その概要を紹介します[17]。

（ＥＵ及びＥＵ以外の国との貿易関係）

現在、英国と他のＥＵ加盟国間を自由に行き来している農産物・食品が、ブレクジット後にどうなるかは、今後の英国とＥＵとの交渉結果に大きく左右されます。英国政府、ＥＵともに、関税や関税割当などが課せられず、モノができるだけ自由に移動できるような内容での合意に至ることを希望しています。そのためには、関税などの国境措置での合意に加えて、食品の衛生や品質基準についても英国とＥＵ域内とが同等の水準であることが必要になります。例えば、成長ホルモンを投与した牛肉はＥＵでは禁止されているので、英国内で流通するようになれば、英国からのＥＵへの牛肉輸出には国境での検疫などが課せられることになります。他にも抗生物資の投与や、家畜の飼育方法など英国で重視される動物福祉の水準に満たない食肉がＥＵ以外から入る可能性について、英国の農業者団体や環境団体は懸念を表明しています。英国は食料の純輸入国であり、ブレクジット後も英国の消費者の求める食料を国外から調達することが必要であると同時に、ブレクジット後にはＥＵ及びＥＵ以外の国々への食料輸出の拡大を目指しており、そのための貿易交渉や国内制度の構築が必要になります。

（農業関連の法制度の行方）

現在ＥＵの制度でカバーされている農業関連の法制度としては、例えば、農薬の承認や使用基準、遺伝子組み換え農産物の承認や流通の管理、食品表示制度、地理的表示や伝統的製法の保護制度、有機食品の基準や認証制度などがあります。ＥＵから離脱すれば、英国はこれらの制度を独自に構築する必要があります。英国政府は、非常に複雑な既存のＥＵの制度を簡素化すると表明している一方、ブレクジット後の英国の食品の品質水準についてそれを高いものにすると表明しています。また、ブレクジット後にＥＵとの貿易をスムーズにするには、ＥＵの制度と整合のとれた制度を作ることが求められています。

（労働力へのアクセス）

２００４年に東欧諸国がＥＵに加盟して以降、英国の農業部門での東欧からの季節労働者の依存度は高まっています。英国国内で農業での季節労働力を確保することは難しくなっており、イングランド東部の野菜地帯を中心に、夏ごとに７万５０００人の季節労働者が英国の農業部門で働いているとの推計もあります。ブレクジットによってこれらの季節労働者に依存している農業部門が打撃を受けないよう、英国政府は、ＥＵ以外の労働者を６ヶ月だけ受け入れるようなパイロット事業を行うなど対策を検討しているところです。長期的には、技術革新や試験研究を通じて英国の国民が参入に魅力を感じるような農業部門を構築したいとしています。

（16）House of Lords European Union Committee（2017）“Brexit: agriculture”
（17）House of Commons Library（2018）“Brexit: Future UK agriculture policy” Briefing paper No. CBP 8218

2　ブレクジット後の農業政策：「公的資金は公共財へ」

（1）ブレクジット後の農業部門への公的支援

前述の3項目の農業分野に及ぼす影響については、その行方は、英国とＥＵとの離脱交渉がどのようなものになるかに大きく左右されます。しかし、「農業部門への公的支援のあり方」については、ＥＵの共通農業政策の傘下から外れた後にどのような農業支援を行うかは、英国次第ということになります。

英国の農場所得に占めるＥＵからの助成金の比率の大きさを見れば、ブレクジット後の農業政策の行方は英国農業の将来に大きな影響を及ぼすことは容易に想像されます。影響は農業部門に及ぶだけではありません。生物多様性や景観の保全など農地や農村地域の環境についても、現行の主要政策である農業環境支払いは共通農業政策の枠組みの中で行われ、財源の一部はＥＵ予算から支出されています。また、面積当たり直接支払いの受給条件には、環境要件や動物福祉に関する要件が含まれており、これも含めて、ＥＵの政策の下で進められてきた農業と環境保全との両立のための政策がどうなるかは、環境保全団体にとっても大きな関心事です。例えば環境保全団体からは、ブレクジットにより農業への財政支援が削減されることで、特に農業条件が不利だが環境価値の高い地域の環境が損なわれることへの懸念が表明されています。

英国のブレクジット後の農業政策の検討過程は、２０１８年9月に新農業法案が英国政府から議会に提出されるまで、以下のような日程で進みました。

２０１７年６月：離脱後に農業法を制定することを公表
２０１７年８月：２０２０年まで現行水準の農業支払いを行うと発表
２０１８年１月：環境食料農村地域省ゴーヴ大臣のオックスフォード市での講演
２０１８年１月：「25年間の環境計画」の公表
２０１８年２月：農業政策についての提案文書「健康と調和」の公表とパブリック・コメントの開始
（締め切り：５月８日）
２０１８年９月：新農業法案の議会への提出

まず、２０１７年６月に、英国政府はＥＵ離脱後の政策に対応するための新しい農業法と漁業法を制定することを公表しました。また、同年８月には、当面の農業に対する支援策について、英国政府はＥＵ離脱後も２０２０年まで面積当たり直接支払いと農村開発資金（農業環境支払いなど）を同水準で支払うことが発表されました。その上で、ブレクジット後の新しい英国農政の検討が進められました。

(2) グリーン・ブレクジット（Green Brexit）

ＥＵ離脱後の英国の農業環境政策の方向に関して、２０１７年夏以降のキーワードとなったのが、「グリーン・ブレクジット」（緑のブレクジット）です。グリーン・ブレクジットはＥＵ離脱を英国での環境施策の強化の機会と捉え、野生生物・景観・自然を現状維持にとどまらず、むしろ向上させるような政策を導入しようというものです。その中で、農業への助成については、水・空気・土壌・生物多様性など農業の提供する公共財に対して行われるべきだとの考え方につながりました。

環境食料農村地域省のゴーヴ大臣は、２０１７年7月21日の世界野生生物基金（ＷＷＦ）の総会で行った講演において、農業政策について、２０２２年までは共通農業政策からの財政支援と同額の農業支援が継続され、その後も農業支援は継続されるが、現行の面積当たり支払いで豊かな農家がより豊かになるのではなく、生物多様性や生息地保全に貢献するような支払いを志向していることを表明しました(18)。

この考え方が、さらに明確な形で表明されたのが、２０１８年1月にゴーヴ大臣がオックスフォード市での農業に関する会議で行った「次世代に向けた農業」という講演です(19)。この講演の中で、ゴーヴ大臣は、現在の共通農業政策について、「農地面積に応じて土地所有者に支払うというのは、より豊かな人に公的資金を投じることであり、正当性がなく、非効率である。農地価格を上げ、市場を歪め、若い農業者の参入を阻害し、資源利用効率の低い生産方式を温存させている」と批判し、農業政策について次の4点の改革を進めることを表明しました。

●農業、他の事業者、消費者、健康や栄養、環境が統合された食料政策を構築する。
●農業者や土地の管理者には、急激な制度変更ではなく、将来の変革に対応するための時間と手段を提供する。
●非効率な助成金制度をやめ、公的資金が公共財に支払われるような新しい農業助成手法を構築する。
●農村地域の真の持続的な未来を構築するために、全ての土地の利用と管理に関して「自然資本」の考え方を導入する。

このうち、3点目の「公的資金を公共財に支払う」ことについて、ゴーヴ大臣は、次のように述べています。

「3点目に、我々が投資の対象とする公共財の主要なものは環境の向上である。生産性の高い農業と自然の保全は両立する。例えば、不耕起栽培は、経営・環境双方の点で優れている。最も持続的な土地の管理方法の導入に取り組む農業者を選び、新しい支援を行うことを計画している。また、過去の農業環境政策を土台に、自然環境を向上させたいとする誰もが対象となるような制度を構築する。さらに、広域の環境保全への包括的な取り組みに対する追加的な助成制度を構築する。ＥＵ離脱はグリーン・ブレクジットを提供する機会である。そのためには、公共財だけでなく、技術への投資やスーパー・ブロードバンドの設置が必要である。人々、特に学校の子供達が農場を訪れ農村を理解する機会が重要である。公共の農場へのアクセスの確保は公共財の１つである。このように公共財の対象は膨大だが、政府の予算には限りがある。何が優先されるべきかについてはパブリック・コメントを求めるが、その大前提として、公的支援の対象となるのは市場から取り残された公共財のみである、ということからスタートしなくてはならない。」

ゴーヴ大臣の講演は、ブレクジット後の農業への支援は公共財、とりわけ環境保全に向けようとしていること、その土台にこれまでの農業環境政策があることを表明しています。また、同じ講演の中では、

・新しい農場認証の方策の必要性の例としてのＬＥＡＦ認証、
・経営と環境保全を両立させる技術革新の例として、王立鳥類保護協会で取り組まれている不耕起栽培、
・健康や栄養、環境も統合された食料政策において、土壌協会が先導した学校給食の重要性、
・農場への公共のアクセスについてのＬＥＡＦのオープン・ファーム・サンデー、

などが言及されています。他にも様々な民間団体のこれまでの取組がブレクジット後の政策立案に多数反映されており、その影響力の大きさが伺えます。

(18) UK・GOV (21 July 2017) "Speech : The unfrozen moment - Delivering a Green BREXIT"
(19) UK.GOV (5 January 2018) "Speech : Farming for the next generation"

（3）2018年1月の「25年間の環境計画」

英国政府は2018年1月11日に「緑の未来：環境を改善するための25年計画（25年間の環境計画）」を公表しました[20]。これは、「次世代に現在よりも良好な環境を引き継ぐ」ことは政府の「優先分野の中軸をなす」との方針を実行するために、政府が今後どのように取り組むかを示したものです。グリーン・ブレクジットの長期的な実行計画と言えます。計画では、綺麗な空気、綺麗で十分な水、植物や野生生物の繁栄、自然災害リスクの軽減、自然からの資源の持続的で効率的な利用、自然環境の美しさ・価値・関わりの増進などを達成することを目標に、政策目標や方向性が示されています。様々な政策を実施する際には、その政策が「環境価値を純増させるという原則」を導入するとしています。

「25年間の環境計画」では、農村の環境保全・増進に関するいくつかの政策目標も設置されています。ゴーヴ大臣のオックスフォード市での講演で言及のあった「公的資金を公共財へ」という原則に基づく新しい土地管理システムの導入はその1つであり、この新しい農業への支援制度の構築については、2018年春に提案文書を出すとしています。この他、「2030年までに持続的な土壌管理を達成する」、「イングランドの森林面積を2060年までに12%に拡大するよう植林を促進する」というような事項が含まれています。

（4）2018年2月の提案文書「健康と調和」とパブリック・コメントの募集

「25年間の環境計画」で言及されたブレクジット後の農業政策についての提案文書「健康と調和：グリーン・ブレクジットにおける食料・農業・環境の将来」[21]は、2018年2月に環境食料農村地域省から公表されました。同時に、これに対するパブリック・コメントを求めました。提案文書は主としてイングランドを対象とし、意見提出の期限は2018年5月8日に設定されました。

提案文書「健康と調和」の内容は「ＥＵ離脱を英国農業の新しいチャンスと捉える」「公的資金を公共財へ」などこれまでの政府の考え方を踏襲した政策の導入を提案しています。その中で、次のような項目について、パブリック・コメントを求めました。

・２０１９年3月に予定されているＥＵ離脱後、2年程度の移行期間の設定が交渉されつつあるが、農業の移行期間としてそれにどの程度の追加期間を設定するか。
・その期間中に直接支払いの廃止をどのようにして実施するか。
・試験研究・技術の普及・投資・若い農業者への支援をどのように進めたら良いか。
・どのような「公共財」について政府は支援するべきか。
・結果に基づく農業環境支払いの導入をどのように行ったら良いか。
・動物福祉についてどのような政策が必要か。
・農村コミュニティをどのような方法で活性化すべきか。
・農業におけるリスク対応のためのどのような手法を導入すべきか。

これらの項目からわかるように、提案文書「健康と調和」は、現在英国の農業者の農業所得の多くを占める農地面積当たりの直接支払いを廃止することが前提となっています。その上で、政府は公共財に対して支援するとともに、「試験研究・技術の普及・投資・若い農業者への支援」「農業経営のリスク対応」（農業保険など）、「動物福祉」「農村コミュニティ

（20）HM Government（2018）"A Green Future: Our 25 Year Plan to Improve the Environment"（25 Year Environment Plan）
（21）Defra（2018）"Health and Harmony: the future for food, farming and the environment in a Green Brexit"

支援」を政策対象に含めようとしています。また、農業環境支払いについては、これまでの環境に優しい取組に対して支払う農業環境支払いに加えて、環境保全の成果に対して支払う「結果に基づく農業環境支払い」の導入も視野に入れています。

この政府のブレクジット後の農業政策の方向に対する関係団体の反応をいくつか紹介しましょう。

農業者団体である全英農業者協会（ＮＦＵ）は、「英国の農業者が英国市場の第一の供給者でなければならない」とし、農業政策は農業者の経営の不安定性の緩和、生産性向上、環境保全の増進への取組を支援すべきだと述べています。また、支援対象となる公共財については、洪水対策、空気の質、人々の健康など、これまでよりも幅広い事項を含めるべきだとの立場です。

また、農業者をはじめとする農村の土地所有者の団体である農村土地事業協会（ＣＬＡ）は、現在英国の農業部門は生産性が低いとして、ＥＵ離脱のための移行期間を上回る長い準備期間と、既存及び新たな市場の開拓が必要だという意見を述べています。

一方、環境保全団体が集まった組織であるGreener UKは、農業政策は岐路にあり、その中で、新しい農業環境政策がこれまでの経験を活かして自然の損失を止め生態系サービスを増進するように構築されるべきだという立場です。また、今後とも取組を改善するための研究やデータ収集への予算配分が重要だと述べています。

(5) ２０１８年９月の新農業法案

２０１８年９月に公表されたＥＵ離脱後の農業政策を示す農業法案は、成立すれば、１９４７年の農業法以来の英国の農業法となります。この法案は、農業政策の枠組みを示すものであり、具体的な政策、例えば、新しい土地管理政策の内容などについては、今後規定されることになります。

農業法案で特に重要なのは、第1部第1項の「財政支援の権限」と、第2部第1章の現行の直接支払いの段階的廃止についての規定です。

「財政支援の権限」については、まず以下の7項目やそれに関連する事項に対して財政支援を行えるとされています。

①環境を保全し増進するような土地や水の管理
②農村、農地、林地への人々のアクセスとそこで楽しむことを支援し、環境についての理解を高めること
③文化的遺産や自然的遺産を維持、復旧、増進させるような土地や水の管理
④気象変動からの影響の緩和
⑤環境からの災害を予防し、小さくし、防御すること
⑥家畜の健康や福祉の保全と増進
⑦植物の健康の保全と増進

上記の記述に続いて、1歩引いた表現で、「農業、園芸、林業活動の開始や生産性の向上のためにも財政支援ができる」と書かれています。農業部門の支援における「公的資金は公共財へ」の考え方が明確に示されています。

また、直接支払いの段階的廃止については、２０２１年から２０２８年までの7年間を「農業における移行期間」に設定し、この期間中に直接支払いが減額され、廃止されることになっています。

英国のＥＵ離脱については、期限である２０１９年3月29日までにＥＵと英国との間で離脱についてのきちんとした合意ができるのか（そのための法案が英国議会を通過するのか）、その内容はどのようなものになるのか、もしくは「合

意なき離脱」という最悪のシナリオを辿るのか、本書の執筆時点では予断を許さない状況にあります。しかし、英国の農業政策はいずれにせよ現行の共通農業政策の傘下を離れて独自の政策を構築することになります。そこで英国が選択した新しい農業への支援策とは、環境保全を軸とする「公共財」すなわち、農業の発揮する多面的機能に対する支援なのです。

おわりに　ヨーロッパでの多面的機能への支援と日本への示唆

本書では、英国の農業政策が、ブレクジットを機に、これまでの農業環境支払いを土台に、農業部門への支援を「公共財」特に環境保全に特化させようとしている経過を紹介してきました。

このように農業政策の対象を農業生産そのものではなく、農業の持つ多面的機能に向けようという動きは英国だけが突出しているのではありません。例えばスイスの農業政策は、景観や生物多様性の保全など多面的機能と山岳地帯の農業助成など食料安全保障に傾斜した内容となっています。またEUの共通農業政策自体も、直接支払いの受給要件であるクロスコンプライアンスには環境要件が多く含まれ、現在検討が進められている２０２１年以降の次期ＣＡＰでは、その要件の強化が見込まれています。総じて、農業政策の財政支援の対象が農業の多面的機能に転換しつつあると言えます。

このヨーロッパ諸国の農業政策の動きを要約すれば、農業者の所得を助成する手段が、「農業生産量を対象とした価格支持」から、「農地面積当たり直接支払い」を経て、「多面的機能の発揮を対象とした直接支払い」へと変わってきていると言えます。農業の多面的機能には様々なものが含まれ、国や地域によっても重視される事項は異なります。しかし、農業生産そのものではなく、農業生産活動や農村・農家の持つ資源がもたらす様々な効用を農業政策の対象とすることは共通しています。

ヨーロッパ農政における多面的機能への支援策は、１９７０年代、１９８０年代から農業環境支払いや条件不利地域支払いなどとして導入されてきました。ヨーロッパ諸国がこのように多面的機能に対する助成を行う背景には、戦後に農業が肥料や農薬を多用し大型機械や排水事業などによって農村地域の環境に悪影響を及ぼしてきたことがありますし、そのようにして発展してきた農業が、農産物の過剰問題を引き起こしたことがあります。同時に、農場や地域間での格差の拡大を是正する意味もあります。生産量や農地面積に対して助成することは、大規模経営や農業条件の良い地域に有利に働きます。事実、ヨーロッパでは農場の規模は急速に拡大し、大規模農場の農地や販売額に占める比率はどんどん上がっています。しかし、農業が支える農村の環境、地域経済、特有の文化や歴史的遺産を維持するためには、条件の不利な地域の農業、中小規模の農場を助成し、その農地や農業生産力を保全する必要があり、そこに「多面的機能への助成」の意義があると思います。また、絶対的多数である「農業者以外」の人々が、農業に対して、食料生産以外の機能を求めている点も見逃せません。納税者として農業を支えている彼らの求める農村の景観やレクリエーション機能の維持、高い動物福祉水準、有機農業や小規模農家支援、気象変動対応などの新しい政策テーマが加わり、より幅広い多面的機能を対象とした農業政策に向かっています。

先進国の中で日本の農地面積の減少率は他よりも高く（図8）、また他の国では農業生産額を伸ばしているにも関わらず、日本の農業生産額は近年は縮小を続けています。ヨーロッパで価格支持→農地への直接支払い→多面的機能への直接支払いという形で条件不利地域も含めて農地面積や農業生産力を維持してきたのに対し、日本の農業は担い手の高齢化とともにますます縮小することが懸念されています。日本の農業を面的・量的に維持するには、農業の競争力強化を図ることを主体とする現在の農業政策に加えて、農業の持つ多面的機能への支援をしていくことが必要なのではないでしょうか。

日本でも、農業は洪水を防止するなど国土を保全し、伝統的な行事や食文化を守るなどの役割を果たしてきています。農業関係者の中では農業の多面的機能という考え方はかなり定着しています。しかし、これらの多面的機能を誰もが利用できる公共財であると意識し、実際に多面的機能の維持のために取り組んでいるのか、となるとヨーロッパに比べて農業も制度もまだまだと言わざるをえません。日本の農地の転用が進み、あるいは耕作放棄が進み、美しい農村と言いつつも農村の昔ながらの民家が維持されずビルや広告塔などが混在する農村景観は、建物の材質や形などが統一されているヨーロッパの農村風景と比べれば決して美しいとは言えないでしょう。日本においても農業の近代化の過程で、以前は農村で見慣れた赤トンボやメダカなどの動植物が減っています。ヨーロッパで行われている農地転用への厳格な規制、農村景観の統一、生物生息地の保全といった多面的機能を維持する取り組みがあってこその、多面的機能への支援となるでしょう。

さらに、日本で農業の多面的機能の発揮やそれへの支援を増やそうとすれば、そこには農業以外からの支持が欠かせません。本書で見てきたように、英国の多面的機能の支援の展開には、民間団体やその会員である都市の人々の声が大きな影響力を持っています。ヨーロッパでは、農業の多面的機能の維持・増進の必要性はむしろ消費者側が提起し、それまでの集約的な農業のやり方を変更することも含めて、農業者と消費者とで双方の求める農業の姿を追求してきたという経緯があります。しかし、

図８　英国と日本の農地面積の推移（1985年＝100）

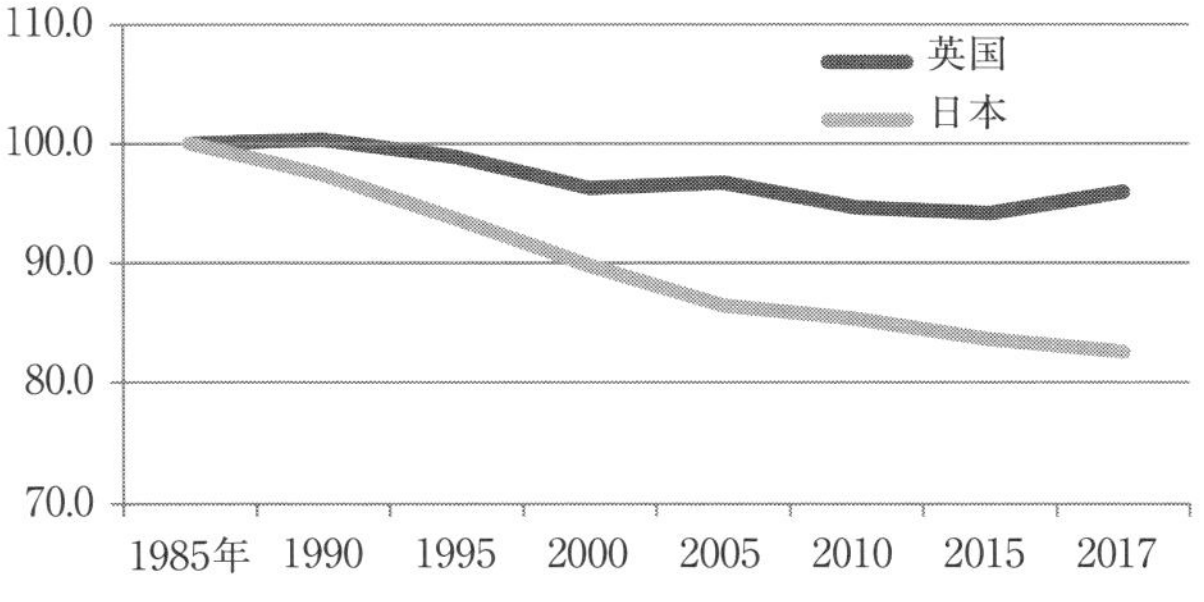

（出所）Defra "Agriculture Data Sets" "Agriculture in the United Kingdom"、農林水産省「耕地及び作付面積統計」

日本では農業の多面的機能は農業側から提起され、それを消費者に理解してもらおうというのが一般的な流れです。都市の消費者の多くは親族に農業者がおらず、農業や農村との接点も関心も薄いのが実態です。まずは、農業そのものに関心を持ってもらう所から始めなくてはならないでしょう。その過程で、消費者とともに美しい農村景観を再構築する、損なわれた動植物を呼び戻す、今の農業や農村を変えていくという努力も必要になるでしょう。

日本の農業の多面的機能というと、富山和子さんによる「日本の米カレンダー」を思います。このカレンダーは、「水田は文化と環境を守る」というコンセプトのもとに、30年にわたり、日本の農村の風景や農業にまつわる伝統文化・行事の美しい写真と富山さんの詩、それに英訳もついて発刊されてきました。国内のみならず、海外にも日本の農業が生み出す自然や文化の素晴らしさを発信してきましたが、２０１９年版をもって30年間の歴史に幕を降ろしました。この30年前から発信されてきた日本固有の農業の持つ多面的機能を維持・増進させるための支援策を構築することで、日本の農業全体を維持・向上させていくことが必要な時期に来ているのではないでしょうか。

【著者略歴】
和泉 真理［いずみ　まり］
〔略歴〕
一般社団法人日本協同組合連携機構（JCA）客員研究員。1960年、東京都生まれ。東北大学農学部卒業。英国オックスフォード大学修士課程修了。農林水産省勤務をへて現職。
〔主要著書〕
『食料消費の変動分析』農山漁村文化協会（2010年）共著、『農業の新人革命』農山漁村文化協会（2012年）共著、『英国の農業環境政策と生物多様性』筑波書房（2013年）共著。

JCA研究ブックレット No.25
（旧・JC総研ブックレット）

ブレクジットと英国農政

農業の多面的機能への支援

2019年3月28日　第1版第1刷発行

著　者◆和泉 真理
発行人◆鶴見 治彦
発行所◆筑波書房
東京都新宿区神楽坂2-19 銀鈴会館 〒162-0825
☎03-3267-8599
郵便振替 00150-3-39715
http://www.tsukuba-shobo.co.jp

定価は表紙に表示してあります。
印刷・製本＝平河工業社
ISBN978-4-8119-0551-8　C0036

「JCA研究ブックレット（旧・JC総研ブックレット）」刊行のことば

筑波書房は、人類が遺した文化を、出版という活動を通して後世に伝え、人類がそれを享受することを願って活動しております。1979年4月の創立以来、このような信条のもとに食料、環境、生活など農業にかかわる書籍の出版に心がけて参りました。

グローバル化する現代社会は、強者と弱者の格差がいっそう拡大し、不平等をさらに広めています。食料、農業、そして地域の問題も容易に解決できないことが山積みです。そうした意味から弊社は、従来の農業書を中心としながらも、さらに生活文化の発展に欠かせない諸問題をブックレットというかたちで、わかりやすく、読者が手にとりやすい価格で刊行することと致しました。

2018年4月に（一社）JC総研は、（一社）日本協同組合連携機構（JCA）へ組織再編したため、ブックレットシリーズ名も「JCA研究ブックレット」と名称変更し引き続き刊行するものです。

課題解決をめざし、本シリーズが永きにわたり続くよう、読者、筆者、関係者のご理解とご支援を心からお願い申し上げます。

2018年12月

筑波書房

日本協同組合連携機構（JCA）

一般社団法人日本協同組合連携機構（Japan Co-operative Alliance）は、2018年4月1日、日本の協同組合組織が集う「日本協同組合連絡協議会（JJC）」が一般社団法人JC総研を核として再編し誕生した組織。JA団体の他、漁協・森林組合・生協など協同組合が主要な構成員。

（URL：https://www.japan.coop）